Star

星出版

新觀點
新思維
新眼界

帶腦去上班

Bring Your Brain to Work

Using Cognitive Science to
Get a Job, Do It Well, and Advance Your Career

善用認知科學，找到好工作、創造高績效、打造成功職涯

ART MARKMAN
雅特・馬克曼──著
許恬寧──譯

本書獻給艾美、路易思、羅倫、
潔西卡、羅里、亞歷克斯，
因為有你們，組織人學程（HDO）才能有今天。

To Amy, Lewis, Lauren, Jessica, Rolee, and
Alyx for making HDO what it is today.

目錄

1

認知科學中的成功之路

　　如果你和多數人一樣，你接受的正式教育有幾種功能──你學到專業技能，替特定的職涯鋪好路，有機會培養既深且廣的思辨能力，可能還趁機訓練了溝通能力。然而，你接受的正式教育可能並未幫你做好準備面對職業生涯──至少並不全面，因為你在工作上會有多成功，受太多因素影響。

　　我是大學教授，身邊有很多人正處於思考職涯的階段。大學生擔心畢業後要怎麼找第一份工作，研究生也經常猶豫不決──到底是要繼續走學術這條路，還是要到業界、政府單位或非營利組織工作？我協助任教的大學成立了「組織人」（Human Dimensions of Organizations）碩士班課程，輔導在職人士了解人。學生把這個課程，當成讓職涯更上一層樓的助力──有的人

成功轉換跑道，有的人則是讓已經在做的工作愈變愈好。

漸漸的，我發現許多心理學的研究，其實可以協助大家思考職涯，但很少人接觸到這方面的訊息。這樣的念頭，出現在我某次和大兒子通電話時。我的大兒子當時23歲，聊到在辦公室碰上麻煩，同事氣他讓客戶知道某件事，對著他大吼大叫，罵他大嘴巴。

我的兒子在那樣的情況下該怎麼處理？跑去報告主管？試著在客戶那邊補救？還是該和不爽的同事談一談？究竟該怎麼做，他才能釐清自己到底做錯了什麼，加以彌補？如果是你碰上這種事，你會如何解決？花幾分鐘想一下。

想好之後，再問自己一個問題：要上什麼課，才有辦法學到如何妥善處理這種情形？你大概想不出有哪種課會教這種事。

就算已經不是剛出社會的菜鳥，依舊會碰上有必要上這種課的時刻。如果你是主管，你的年輕部屬被同事吼，你要如何處理這種事？你該為了新人洩露資訊而處罰他嗎？你該不高興同仁當場咆哮嗎？你要如何讓當事人自行解決這件摩擦？還是你有別的辦法？

從找第一份工作開始，你在一生的工作中會碰上許多事，超出你在人生的頭二十幾年努力學習的事。大學生或許聽過與主修相關的職業概況，但一直到實際從事

第一份工作前，不會曉得太多細節。學校的寫作課重點是教你寫出文意完整的段落，不會教你如何與發脾氣的同事溝通，也不會教你如何鼓勵同事，一起為專案努力。

在學校為了考試讀書，你有辦法釐清教材中你搞錯了哪些地方，但碰上要交給客戶的專案，你有可能不知道該如何修正問題。在教育體制下，你因為升上一個又一個年級，上了一堂又一堂的課，知道自己有所進展。然而，你怎麼知道該換工作的時間到了？甚至是要採取什麼步驟，才能把好幾份工作串成一個完整的職涯？

許多人跌跌撞撞，也就應付過去了，犯下一些錯，從錯誤中學習 —— 這是最好的情況。有的同事欣賞他們，有的則是結下了梁子。多年後，他們回顧工作歲月，說出故事，講出是哪些因素帶來成功 —— 他們自認的原因。

有些人甚至出書，談如何在工作上致勝，怎樣在職場上當個有效的領導人。他們把自己做出某個生涯選擇的個人哲學，當成人人都該遵守的建議；然而，到底為什麼一個人的人生道路會那樣，很難區分真正的關鍵選擇，以及其他許許多多的因素 —— 有時稱為「運氣」或「偶然」。比較好的方法，其實是從非常多人的經驗中，找出共通的建議。

此時，認知科學（cognitive science）可以派上用場，

也就是研究心智與大腦的跨領域學科，範圍包括心理學、神經科學、人類學、電腦科學與哲學。這個研究領域欣欣向榮，談人們如何思考、感受與行動，我們因此獲得如何過生活的啟示，尤其是在工作上。

認知科學的研究討論很多事，例如：如何激勵自己完成工作，如何有效學習工作需要的新技能，也討論如何與同事、客戶和顧客應對。認知科學可以解釋為什麼你會那樣做，並且建議你可以採取的策略，避開工作上的死胡同，更快從犯錯後重新站起來。

我們就開始來談吧。

少走點冤枉路，好好成就你的職涯

英文的「成功」：success，有個很大的問題：success是名詞。

當你說某人「success」，你把他們歸進「成功人士」這個類別。心理學家發現，當你把人像這樣分類，你假設那些人擁有某種「本質」（essence），因此可以歸到「成功人士」那一類。有的分類有道理，例如動物可以這樣分，要是一隻動物擁有貓的本質 —— 體內有貓的DNA，你可以認定那是一隻貓。然而，把人分成各種類型，就比較說不通了，但我們依舊這麼做。我們認為某個叫法蘭的人是畫家，理由是她會畫畫，還認為她擁有

屬於「畫家」這種人的深層特質。傑西會焦慮，原因是他的某些特質，讓他成為焦慮的人。

同樣的，當你把某個人視為成功人士，你認為他們具有某些基本特質，因此成功。你擔心自己缺乏那樣的特質，不是成功的料，無法出人頭地。

然而，如果不管「成功」的英文名詞：success，改看「成功」的英文動詞：succeed，那就不一樣了。

動詞的主要功能是指涉「行動」，「成功」是一連串的行動累積起來之後，帶來某種理想的結果。成功需要不斷求進步，在一段歷程中，你不斷成長，有辦法從一種狀態，轉換至另一種狀態。成功需要在一段很長的時間中，有動力一直追求卓越。其他的人物類別也一樣，例如：「領袖」（leader）或「創新者」（innovator），某些特質可以協助你成功、有效領導或創新，但最終帶來理想結果的，將是一段努力的過程，而不是個人特質。

「你要努力，才能打造一段良好的職涯」，這種話讓人聽到不想再聽。儘管如此，許多人的「努力」，是「努力做錯誤的事」，憂心自己無法掌控的事，卻不做自己真正具有影響力的事，忽略了創造理想結果的關鍵努力。

本書的任務是協助你了解，如何善用認知科學來發展你的職涯。有效達成這個目標的前提包括：一、了解生涯道路一共分為三個階段：得到一份工作、做好工

作、前進。二、好好認識協助你達成目標的三個大腦系統：動機腦（motivational brain）、社會腦（social brain）與認知腦（cognitive brain）。

職涯循環

到底什麼是「職涯」（career）？到處問人後，你會聽到一些共識。「職涯」的概念比「工作」（job）大，包含打造技能組合，有辦法替組織、產業或領域做出貢獻。不是每個人的每一份工作，一定都是職涯的一部分。例如：一邊念預科，準備以後當醫師，一邊在快餐店當廚師的人，廚師這份工作就不是在打造職涯。一個已經當了三年二廚、努力成為主廚的人，都是在做類似的工作，的確是在累積職涯層級的經驗。

雖然人們通常能夠說明，自己的職涯一路上是怎麼走過來的，但其實很難明確定義什麼是職涯。事實上，美國勞工統計局（Bureau of Labor Statistics）只追蹤一個人一生中做過多少份工作，而不是有多少職涯。

職涯很難定義的部分原因是，唯有回顧這一生時，整個職涯才會清楚起來。當你還在前進、還在努力活出精彩人生時，職涯轉換有時並不明顯。

舉例來說，我在伊利諾大學（University of Illinois）念完心理學研究所後，先後任教於西北大學（Northwestern

University）與哥倫比亞大學（Columbia University），最後來到德州大學（University of Texas）教書，也就是我今日任教的學校。從這個觀點來看，我似乎有過三份工作，但總共只有一個職涯——擔任教授的職涯。

然而，還可以用其他方式來解釋這段相同的歷程。我從研究所，一直到在德州大學任教的第十年，主要的心力放在為了投稿學術期刊，努力做基礎研究。但是，從第十年起，我開始對更廣泛的群眾解釋我的研究，寫部落格、也寫書（例如這本），還主持廣播節目《雙俠聊大腦》（*Two Guys on Your Head*）。此外，我也接觸希望學習、應用認知科學的企業，開始擔任企業顧問，那麼這算是我的第二段職涯嗎？或者，該算在第一段職涯裡？我為了傳播認知科學，在校外擔任顧問，這算是原先職涯的一部分，還是分開的？

更難定義的是，我在德州大學的第十二年，擔任組織人學程的主任，教大學生與碩士班學生認識職場上會碰到的人。這個行政職，算是我的教學生涯的一部分嗎？還是該納入我的傳播／顧問職涯？或者都不算？感覺上，這些工作全是我的職業生涯歷程的一部分，絕對多過我在斯卡（ska，牙買加傳統樂風）樂團吹薩克斯風的時間。要不是因為我在公司當過顧問，我很難主持為在職專業人士開設的碩士課程。

由於職涯難以定義，本書主要談「工作」與「職務」（position）。不過，在第10章，我將不只教大家考量特定工作，會回頭談論經營職涯的諸多觀念。

「工作」比較好定義，美國勞工統計局認定的工作是「在未中斷的一段期間，替特定雇主工作。」「職務」則是指某個人替雇主完成的職責，你有可能在幾年間，在同一組織擔任過多種職務，但你為相同雇主工作的那段期間，一共算是一份工作。

美國勞工統計局2015年公布過一項調查，研究1957年至1964年間出生的嬰兒潮子群組，發現這群人在18歲至48歲間，平均做過11.7份工作。也就是說，受訪對象自從進入職場後，前三十年平均每兩、三年就換一次工作，可算是相當頻繁，此一趨勢甚至還在加速中。

工作循環有三個階段：找工作、做工作與往前走。這三個階段不一定分得很清楚，你可能還在做某份工作，就已經在應徵其他職缺 —— 不管是同一間公司或跳槽。你可能為了打造某種職涯，在職進修，沒離開目前的工作，但讀書和上班的領域差很多，可視為分開的活動。

多數人知道工作循環中有三個階段，但不熟悉每個階段的細節。問問自己下列這幾件事，看看你是否已經清楚：

• 招募者評估應徵者的流程。

- 面試時,說「不知道」的最佳方式。
- 可以趁著面試的機會,了解潛在雇主的哪些事?
- 工作上萬一跌了一大跤,如何重新站起來?
- 如何面對看來沒把你的最佳利益放在心上的主管?
- 為什麼你的職場環境壓力大,又該如何解決?
- 你是否該和同事比較工作表現?
- 升成你朋友的主管,該怎麼辦?
- 工作令人不滿的原因。
- 如果要應徵新工作,該向目前的雇主透露哪些事?
- 何時該考慮再拿一個學位?

　　這些問題的其中一個,來自我和某專題研討課學生的聊天。那位學生在中型科技公司工作過幾年,公司努力提供氣氛融洽的工作環境。我學生進公司時,其他八位同事和她年紀差不多,由於工時長,大家建立起革命情感,下班後,都會一起去喝酒。我教到那位學生時,她比同事更快升上主管。

　　我學生升官後,有幾個朋友,將會變成她的直屬部屬,她感到不知所措。她的朋友通常會一邊喝酒,一邊抱怨主管,這下子她從「我們」的一員,變成「他們那些主管」。我學生因為升職而壓力大,有些原因很清楚,例如:她擔心有一天得給朋友打工作績效負評。然而,有些原因沒那麼明顯,例如:她不知道是否該繼續

和同期的人喝酒。

這個例子說明了你在工作上可能會遇到的特殊情況，將會帶來各種你先前沒想過的問題。你很難事先設想到會發生哪些事，預作準備。不過，有許許多多的研究，都能協助你做好職務與工作，兼顧整體的職涯循環。

首先，你得了解自己的大腦。

你的各種腦

老布希總統（George H. W. Bush）稱1990年至1999年為「腦研究的十年」（"The Decade of the Brain"），當時為求了解這個神奇的器官，持續推廣相關研究。從那時起，人們開始對人腦感到著迷。

證據顯示，心理學研究如果納入腦部如何帶來相關結果的討論，人們信任研究發現的程度將會增加。到了近年，只要研究加上「神經」（neuro-）當作字首，就一定能夠引發對於某個領域的關注，或者至少增加市場的興趣，例如現在有「神經經濟學」（neuroeconomics）與「神經行銷學」（neuromarketing）的專業人士。

我得不好意思承認，我寫這本書，也利用了眾人對於這方面的興趣。我的專業領域是認知科學，前文提過，認知科學是跨領域的學科。我的研究大多利用心理學的方法，但我在研究生涯中，也進入認知科學的其他

許多領域，包括神經科學。

不過，本書介紹的內容，大多來自心理學的領域。我們用心理學的語言談記憶、注意力、動機、語言等概念時，通常是在談「心智」（mind）。道理如同文書處理器背後的程式設計概念，以及網路瀏覽器是由你使用的特定硬體負責執行，剛才點到名的幾種概念，由人腦負責執行。

有時我會進入神經科學的層次，談大腦的關鍵功能，因為必須先了解那些，才能了解心智。然而，有關思考的各種複雜面向，例如：我們是怎麼知道如何增進工作效率，或是如何把產品有效行銷給大眾，關於大腦這部分的功能，科學知道的還不是很多。如果有人試圖要你相信，腦科學其實什麼都已經破解了，他們其實是在賣弄心理學的知識，但在包裝時，巧用人們覺得更「科學」的話術。

本書主要談論三種重要的心智系統：動機腦、社會腦與認知腦，這構成了本書的基本架構。我在這裡採取寬鬆的定義，你不是真的擁有三種不同的大腦；事實上，負責動機、社會與認知功能的大腦區塊，在生理上相互交錯，但心智／大腦的運作方式，通常是分開來研究的，以不同理論各自解釋，所以我認為可以分開命名，分別討論。我會幫助你了解，如何將本書提供的建

議應用於工作上。

　　你的「動機腦」，是一套讓你「有辦法做」某件事的機制——有時是「避免做」某件事。動機腦牽涉的核心大腦區域，在演化上歷史悠久，鼠和鹿的腦部也有這些區域；不過，在很久很久以前，這些動物和人類的演化，就已經走向不同的道路。知道哪些因素能夠激勵自己、同事和主管，對於你管理工作來說很重要，你將明白工作壓力與滿足感的源頭。

　　你的「社會腦」，是協助你面對其他人的系統。你在大學接受的教育，許多是「個人運動」，但工作通常主要是「團隊運動」。你必須了解他人將如何評估你，還得努力讓眾人齊心協力，達成共同的目標，並且準確預測他人可能會有的反應，以求達成自己的目標，也幫助其他人達成目標。人腦演化成協助你與他人合作，畢竟人類能夠稱霸地球，靠的是集體行動，而不是擁有非凡的體能優勢。我那位晉升主管的專題研究學生，將得靠社會腦面對升職帶來的挑戰，後文將在第8章回頭談她的例子。

　　你的「認知腦」是錯綜複雜的結構，讓你有辦法溝通，還能依據過往的經驗，快速做出理想的決定，進行複雜推理。你大概聽過那句老話：出來江湖走跳，重點不是你懂哪些事，而是你認識誰，人脈十分重要。

然而，如果你不夠有真材實料，人們八成不會服你。所以，更合理一點的說法大概是，想成功的話，知識和人脈同樣重要。

我將在本書的各章節，介紹各種腦的眾多細節，有時會特別指明每個主題屬於哪種腦的範疇，有時不會。最重要的是，你得好好運用大腦的動機、社會與認知因素，才能在職涯中成功。你愈了解自己是如何思考，就愈能自然而然配合大腦想要的運作方式。

爵士腦：
如何培養隨機應變的能力？

人類另一個令人驚奇的地方，在於我們有辦法臨場發揮，見機行事。不過，如果要擅長這樣的能力，得先了解「即興」的核心元素。在接下來的章節，我將在像這樣的灰框中，提供如何隨機應變的資訊。

我先在這裡招供，我的音樂品味是老派人士，喜歡早自己一、兩個世代的東西。在我成長的 1980 年代，流行的是新浪潮（New Wave）和電音，但我喜歡爵士，甚至只為了多了解爵士樂，

三十多歲還跑去學薩克斯風。我不曾想過這項嗜好帶來的影響，日後也觸及我的專業生活。

你得有專門知識，才有辦法做出精彩的即興發揮。我們很容易假設，經驗多的人容易受限，無法從新觀點看事情。的確有可能發生這樣的情形，然而人會不願意考慮新機會或新的做事方法，原因不是經驗豐富。

最有彈性的人，事實上擁有大量的領域知識。專家最有能力擷取過去的經驗，運用在新的情況上。此外，他們有辦法想像某種行為將帶來的結果，因此能夠判斷採取那種做法後，是否具備成功的可能性。

結論是：多多接觸工作上的各種情境很重要。做不熟悉的事令人感到不安，第一次嘗試時，大概會錯誤百出。然而，你做過的事愈多，未來在工作上，就愈能隨機應變。

本書架構

本書集合五花八門的大腦研究，討論你在工作循環的三個階段會碰上的情境：找工作、做好那份工作，前進到新工作。過程中，你永遠都會用到動機腦、社會腦與認知腦。

你會拿起這本書，工作循環的三個階段，大概其中一項正令你感到煩惱。如果是的話，可以直接從和你當前目標最相關的章節讀起。我盡量讓每個章節各自獨立，如果你從中間開始讀，我也會不時提到前後文可以參考的章節。儘管如此，不必拘泥於特定的工作階段，說不定你會有意外的發現。談職涯其他時期的章節，可能藏有現在也能派上用場的資訊。

你可能也在想，不曉得這本書適不適合你。如果你是新鮮人，我在這裡談的很多東西，你大概會覺得不熟悉。即便你已經展開職涯一陣子了，你在思考如何管理工作生活時，很可能沒有考慮到背後的心理層面。如果你已經順利展開職涯，可以先看本書的第二部，了解改善工作表現的方法。最後，即便你目前沒在積極找新工作，甚至沒考慮換職位，你可以提供建議給想要轉換跑道的同事、朋友與你指導的對象，這本書將教你如何與他人討論經營工作生活。

在這裡先提醒，你可能得自己出不少力才行。你在學校待了好多年，累積協助你找到第一份工作的專業知識。你在發展職涯時，將得再多花一點時間，動用最出色的動機腦、社會腦與認知腦，雖然說不定有一天，我們將和電影《駭客任務》（The Matrix）中的主角尼歐（Neo）學功夫一樣，有辦法上傳所有的相關知識。

　　在電影情節成真的那一天前，我的目標是協助你了解你的大腦功能，以及你的同事、客戶與顧客的大腦。你碰上複雜的工作情境時，將有足夠的知識做出有效的決定。我將利用故事解釋相關原則，那些故事源自訪談，也整合了在我的社群媒體帳號上大家提供的經驗談。複雜問題不會有人人適用的單一答案，你愈是帶腦去上班，解決難題時，就會有更多選項，可以有效應對。

　　本書從第1章到最後一章的建議，全都源自學術研究與心理學文獻的結論。我有時會在正文中，直接列出研究者的姓名或研究題目，有時為了保持對話感，不會完整寫出研究出處，但在本書最後會按章節列出資料來源。

　　此外，我在解釋重點時，也放上人們在職涯的不同階段碰上的故事，除非另外註明出處，所有的故事都來自我的社群網站友人。我在寫這本書的時候，拋出許許多多的問題，朋友自願提供親身經歷。為了保護大家的隱私，我只列出故事主角的名字，沒寫出姓氏，也省略

了部分細節。

　　接下來每一章的結尾，都提供兩種重點摘要：一種列出該章提及的主要認知科學概念，另一種提供明確的小建議。你可以利用每章的結尾，找出希望複習的章節。

　　回到本章開頭的小故事：我的大兒子回到座位上後，想了想自己做了哪些事，導致同事吼他，然後向主管解釋。我兒子致歉他告訴客戶那些事，提出當時若是怎麼做會更好，然後請主管提供建議，讓他知道萬一再發生相同情況，該如何處理才好。

　　他那樣解決對嗎？

　　讀下去就知道。

第一部

找工作

2
找出你珍視的機會

　　德州大學的許多方面我都很喜歡，這是一所好學校，十分支持教授，大學生與研究生素質極高，設備也是一流的，校方營造出理想的工作環境。

　　不過，有一件事我覺得不大理想：我們要求大學生在入學前，就得選好主修。有的學生多等了一陣子，入學後才盡快決定，但拖得愈久，就愈難在四年內畢業。如果想換系所，尤其困難，例如從文理學院轉到自然科學院，或是傳播系改念商學系。

　　問題出在大部分的人在18歲的時候，不清楚人生到底想要什麼。5歲的小朋友想當太空人、舞者、賽車手、主廚，18歲的人想像力被限制住，只想得到目前為止接觸過的事，只知道家長和身邊其他大人做的工作。從幼兒園到12年級的這段教育，人們一般只學了範圍很窄的

科目，我自己的經驗絕對如此。我高三做了職涯興趣測驗，測驗結果建議我從事會計這一行，但我相當確定，那項建議只反映出我父親是會計師，而不是我對會計領域有任何興趣。

我認為，應該先給學生一些時間探索各種主題，了解自己對哪些學科感興趣，沒必要堅守18歲時的興趣 —— 或是25歲或40歲的。工作環境不斷改變，科技隨時帶來新型的工作與職涯道路，市場發生的變化，會淘汰掉部分工作。

即便已經工作多年，你也可能準備好來一場人生的重大轉變。第9章將談論出現哪些徵兆時，代表你需要往前走。一旦下了決定，找新工作的流程將和新鮮人的差不多，很多議題是一樣的。

熱情從何處來？如何尋找？

大學生和求職者太常聽到一句話：「找出你的熱情所在。」這其實是出於善意的建議。要是對自己的職涯感到振奮，就能為了達成目標投入長工時，克服大大小小的難關。這樣的人對工作感到滿意，愈挫愈勇，也因此有一說是：只要找出熱情所在，自然能積極投入工作。

然而，在評估這種說法前，先研究一下我們的動機腦。熱情到底是從哪裡冒出來的？

你的感受源自動機腦。動機腦的許多基本迴路,和位於大腦深處的基底核(basal ganglia)有關。我在前面第1章提過,人腦的相關架構與鼠和鹿等動物類似。人腦與其他動物腦不一樣的地方,在於皮質的大小,也就是腦部外層的地方。

皮質控制著社會腦與認知腦,而位於腦部深處的區域,並未與皮質有著廣泛的連結,也因此人類很難自省究竟是什麼驅動著自己的動機系統。動機腦與認知腦、社會腦溝通的方式,主要是透過感受。

你擁有的感受〔feelings,心理學家稱為「情感」(*affect*)〕其實很簡單。當你朝著目標邁進、有進展的時候,就會心情好。沒進展時,心情不好。你愈投入動機系統追求的目標,感受就愈強烈。

當你思考感受,感受就會變成情緒(emotions)。你無法意識到是哪些元素驅使著你的動機系統,讓你產生情感,要等到你自行詮釋那些感受後,才會體驗到特定情緒。

熱情來自強大的正面感受,當你相信那些感受的標的是你的工作,當你深深投入自己在做的事,認為自己正在朝目標前進,你就會感受到興奮、喜悅、滿足和對工作的熱情。

那麼,是什麼樣的因素,讓人們有動機投入,冒出

所謂的熱情？

　　許多事都能讓你在工作上開心，本書各章會再一一提到，這裡先談熱情就好。所以，是什麼讓人們對於工作感到真心興奮？

　　許多研究都證實，很重要的一點是不能只把工作當工作，得看成「天職」（calling）或「使命」（vocation）。布萊恩・迪克（Bryan Dik）與萊恩・達非（Ryan Duffy）指出，「天職」是指專注於任何類型的任務，包含工作、生兒育女、社會行動等，感受到人生的意義或目標，尤其如果這項目標協助的對象是他人、而非自我。

　　珍・道森（Jane Dawson）回顧「使命」（vocation）一字用來代指工作的源頭，提出德國社會學家馬克斯・韋伯（Max Weber）認為，把工作視為服務他人的無私舉動，對個人有好處。當代研究顯示，相較於只把自己做的事當成一份工作或謀生手段，當成天職看待的人投身程度更強。

　　你可能以為，要能把工作當成天職，那份工作看起來一定十分重要 —— 在收發室整理郵件或打掃廁所的人，不大會覺得工作有什麼意義。相較之下，領導組織、研究疾病，或是在動物之家拯救動物，很容易就會感覺工作有意義。然而，人類事實上有能力以各種方式定義自己做的事。

工友：我在這裡幫忙，把人類送上月球

一則關於甘迺迪總統的小故事說，他造訪火箭發射基地「卡納維爾角」（Cape Canaveral），和一名工友聊天。總統問：「你在這裡的工作是什麼？」那個人回答：「把人類送上月球。」這雖然大概是杜撰的，但人們顯然經常把自己執行的工作，當成大使命的一部分，即便職責聽起來不大有趣。

的確，當你的工作感覺上與整體社會受到的影響愈直接相關，愈容易感受到工作的重要性。此外，如果你相信自己任職的組織提出的願景，也會更加感覺自己的工作很重要。舉例來說，我曾經有機會和奧斯汀安寧（Hospice Austin）的幾位工作人員聊一聊，這個組織提供末期病患的臨終照護。從管理者到社工，再到專業照護人員，不論擔任什麼職位，奧斯汀安寧的人員感覺自己做的事十分重要。這份工作不好做，情感上令人很疲憊，照護人員通常需要不時遠離一下，但他們全都明白自己是在替社群帶來重大貢獻。

儘管如此，人們心中有意義的事差異極大。我見過幾位寶僑（Procter & Gamble）的員工，雖然在同一家公司上班，有的人為廁所衛生紙興奮，有的人卻提不起勁研發下一代的牙膏。我見過有人每天醒來後，立刻跳下

床，等不及要開發新的B2B（企業對企業）行銷客戶，有人則是憤世嫉俗，覺得影響消費者行為的工作有夠邪惡。我熱愛我的學者工作，然而這些年來，我也碰過倦怠與提不起勁的研究同仁。

對於工作的熱情，究竟是從哪裡冒出來的呢？

有兩種可能。一種是每個人感興趣的事相當固定，你對某份工作最初的反應，相當能預測你是否將會長期熱愛那份工作。第二種可能性則是不管是什麼工作，我們幾乎都能學著喜歡。

要你找到熱情的建議，顯然採取的是前述第一種假設。你要不就愛，要不就不愛，如果對工作提不起勁，就該認真考慮換工作。

現實生活比較複雜一點。派翠莎・陳（Patricia Chen）、菲比・埃爾斯沃斯（Phoebe Ellsworth）、諾伯特・舒瓦茲（Norbert Schwarz）的研究發現，有些人認為自己有熱情的事情不會改變，也因此迅速判斷自己是否喜歡某個職業，在職涯的早期，一般會一下子就離職，頻頻轉換工作。另一派則認為不論是哪一行，幾乎都能學著喜歡，這樣的人初出茅廬時，盡量待在原本的工作。值得注意的是，從長期來看，這兩種人的職涯滿意度一樣。

這對你有何涵義？

很多事得看你有多願意學著喜歡，還要看你「心臟

大不大顆」，有沒有辦法承受一直換工作。看來，不論
是什麼職涯道路，只要抱持開放的心態，幾乎都有辦法
愛上。如果你願意換工作，重來個幾遍，你有可能對某
條職涯道路一見鍾情，不必慢慢培養感情。

　　我曾和任職於寶僑多年的皮特·佛力（Pete Foley）
談過這件事。佛力指出，大部分的工作有多種面向，因
此你可以「漸漸把工作變成你愛的事，至少多數時候喜
歡……工作很少永遠都一樣，你可以主動把自己扮演的
角色，導向你會喜歡的方向。」這段話的關鍵是：你的
工作最初的主要職責，不一定長期定義你的工作。如果
你相信你們組織抱持的使命，通常能夠設法做好工作，
達成使命，又帶給自己滿足感。

　　了解熱情從何而來很重要，因為人們通常認為自己
的工作選擇，受限於身不由己的因素，例如：我碰過有
人因為另一半的緣故，搬到美國的另一頭，必須設法在
新家所在地找到相同領域的工作。我也有認識的人，為
了照顧生病的親人，只能在每天的特定時段工作。碰上
這類情形時，你很容易對工作前景感到洩氣。你能自由
選擇要到哪裡工作時，的確可以追尋熱情到天涯海角；
要是有其他因素絆住你，你接受的工作，或許不是你的
夢幻選項。

　　如果你有所受限，無法追求令你興奮的工作前景，

你會怨恨絆住你的人或狀況，很容易感覺自己被束縛住。不過，掌控自身情況的方法，其實是決定你要如何面對你接受的工作。如果你選擇把焦點放在那份工作能夠如何協助整體社會，那份工作的影響力如何大過你被要求履行的職責，你就更能夠把那份工作視為天職。

考慮集合與你的價值觀

找工作一般不同於買攪拌器，你要是和幾年前某個週日早上的我一樣，發現自己需要一台攪拌器，你會跳上車，開向大賣場，通常還準備好折價券，站在一排排的攪拌器貨架前，希望能以合理的價格，找到功能符合需求的型號。你能夠選擇哪些攪拌器 —— 科學家稱這樣的選項為「考慮集合」（consideration set），要看你去了哪間店。

某些職業的工作就像那樣。我找到第一份學術工作前，翻閱《美國心理學會通訊》（*APA Monitor on Psychology*）與《心理科學學會觀察家》（*APS Observer*）兩本業界刊物，全美每一間大學的心理系都會把秋季課程的職缺，刊登在這兩本期刊上，至少其中一本。這兩本期刊的出版者「美國心理學會」和「心理科學學會」是心理學者的兩大專業協會，如果你在找助理教授的教職，你會仔細看上頭的徵人廣告，把應徵資料寄給所有

在徵人的學校，希望獲得面試機會。

然而，一般人在挑選「考慮集合」時，大多不像這樣，必須解決很多問題，此時認知腦會派上用場。

你必須解決的第一個問題，就是決定要應徵哪些工作。你得明確知道自己心中最重要的價值觀，才有辦法做出決定。「工作」與「價值觀」要能契合，這點很重要，因為雖然你能學著喜歡工作上必須做的事，組織的使命要是違背你看重的事，你很難維持工作動力。

有的人需要花時間才能找出核心價值觀，你的價值觀部分來自周遭的文化，部分來自個人經驗，部分來自花時間思考自己要什麼。你會因為和他人對話，因為媒體呈現某種職涯的方式，以及你所受過的教育，內化文化中暗藏的價值觀。高中會強調上大學的重要性，大學主修則會強調特定職涯道路的重要性，推廣相關的價值觀。

然而，你可以花時間找出自己有哪些價值觀，然後尋找符合那些價值觀的工作。一路上，你會發現你在大學選的主修，不只傳授該領域的學術內容，還協助你提升各種解決問題、思考與溝通的技能。

以布萊恩為例，他大學畢業後，一心一意想應徵的那種工作，頭銜聽起來要能讓親友與同行肅然起敬。此外，布萊恩把目光放在薪水優渥的潛在職涯。然而，他從事第一份工作後，感覺每天的工作枯燥乏味，25歲改

為加入帶來全球視野的和平工作團（Peace Corps）。布萊恩在和平工作團待過後，發現好聽的職稱，無法帶給他工作滿足感，他喜歡的其實是協助他人發展潛能。

另一個例子是傑森，哥哥英年早逝帶給他很大的打擊，迫使他思考自己的人生究竟想要什麼。傑森自問：「如果我今天就會死，或是壽命只剩下兩週，我會對自己目前的貢獻感到滿意嗎？」傑森嘗試過幾種工作，找出協助他人最好的辦法，最終決定從事行銷這一行，設法影響他人，鼓勵大眾採取對自身有益的行為。

人們釐清價值觀的故事，有幾個共通點。首先，主角通常沒意識到周遭文化帶給自己的影響，直到他們採取的行動與自身的反應出現落差。布萊恩找工作時，依循外在的大文化帶給他的價值觀 —— 追求飛黃騰達，卻出乎意料地無法樂在工作，開始質疑自己是否真的了解自己重視的價值觀，直到最後加入和平工作團，追求慈善與天下一家。下一節，我會再詳談人們抱持的價值觀類型。

第二，許多人會在遭遇親友去世等極端經歷後，重新反省自己的核心價值觀。哥哥的死讓傑森走了一趟「心靈時間旅行」（mental time travel），想像在人生的盡頭回顧一生，想著自己是否會對自己完成的事感到開心。傑森的反應符合湯姆·吉洛維奇（Tom Gilovich）與

維多利亞·麥德維克（Victoria Medvec）的研究，兩人發現年紀較長的成人，一般會為了沒做過的事感到後悔，因為未來沒機會參與那些活動了。當你想像自己處於生命的尾聲時，通常會想到還沒來得及做的事。

即便沒發生提醒你人終有一死的事件，你也可以想想自己會後悔沒做什麼。大約每年自問一次，你的人生是否有想做、但尚未有進展的事。有的話，或許值得花點時間去做。如果在你可能懊悔的清單上，列著某項職涯目標，你該想一下，如何讓你的職涯道路不會後悔。

第三，人們的價值觀通常會隨時間改變，原因是所處的人生階段和看法都不一樣了。舉例來說，我的社區住著一位執業數十年的成功律師，早期的時候，他努力往上爬，成為律師事務所的合夥人，但孩子出生後，他從工作淡出，協助帶孩子，尤其是在妻子碰上健康問題的時期。孩子大了以後，他再度投入法律事務一段時間，但到了快退休的年齡時，他決定不再執業，接手管理非營利組織。當時，他的孩子已經長大成人，房貸也付完了，所以選擇把精力用在協助社區。他一生中所做出的職涯決定，無不反映出他人生的核心價值觀的變化。第9章會再回頭談「價值觀產生變化」這個主題。

你有哪些價值觀？

價值觀是一種整體動力，長期引導著人們的行為；也就是說，你的動機腦是你的價值觀核心。價值觀是抽象的長期政策，但人們的價值觀有可能隨著時間改變。美國社會心理學家謝洛姆·施瓦茨（Shalom Schwartz）的研究生涯，致力於探索人們擁有的整體價值觀。他的研究顯示，人們所屬的文化深深影響著他們吸收的價值觀，不同文化會促成不同價值觀。下列的價值觀圓餅圖，源自施瓦茨的研究結果，包含10種共通的普世價值觀。

十種普世價值觀

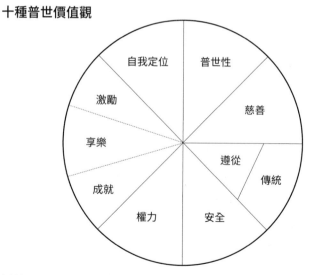

資料來源：Republished with permission of SAGE Publications, from "Values and Behaviors: Strengths and Structure of Relations," Anat Bardi and Shalom Schwartz, *Personality and Social Psychology Bulletin 29*, no.10 (2003); permission conveyed through Copyright Clearance Center, Inc.

價值觀定義

權力：掌控他人與資源、社會地位

成就：個人成功（由社會標準定義）

享樂：樂趣、享受、自我滿足

激勵：興奮、追求新奇感與挑戰

自我定位：獨立思考與自主行動；創意

普世性：寬容、欣賞與接受所有人類和自然

慈善：協助他人與保障他人福祉

遵從：服從社會規範，限制行動與衝動

傳統：尊重文化上的慣例、規範與想法

安全：自身、社會與關係的安穩

在此一圓餅圖中，相鄰的價值觀彼此類似，位置相對的價值觀則相互衝突，例如前文的布萊恩起初追求「權力」與「成就」這兩個類似的價值，但加入和平工作團後，改成追求「普世性」與「慈善」。

你可以靠兩種方式釐清你的價值觀。第一，讀一遍這張表，其中幾項價值觀，可能讓你特別心有戚戚焉，其他的則沒有特別感受。留意哪幾項價值觀，最適合用來形容你。

此外，價值觀問卷也能帶來啟發。克里斯告訴我，他參加了美國政府的海外工作說明會，參加者做了問

卷；到了午餐時間，幾位應徵者比較彼此的問卷答案，好幾個人認為「我希望到戰區工作」這一題很可笑，怎麼可能會有人回答「非常希望」？克里斯因此發現自己的價值觀，不一定和其他每個人一樣，他對於有朝一日能到戰區工作十分興奮。在這群人之中，克里斯渴望「激勵」的程度顯然高過其他人，最後前往海外的危險地區工作，樂此不疲。

釐清自身價值觀的第二種方法，就是觀察對於你做的事，你和其他人有什麼反應。如果你做某件事的時候覺得享受，那就記錄下來。如果有人做了某件事你覺得不高興，或是感到不舒服，也記錄下來。記錄好了以後，向自己解釋為什麼你喜歡或不喜歡某項行為，你的解釋大概與你的價值觀有關。

更理想的做法是在下列的過程中，用上社會腦：找人測試一下你的想法，但不必告訴對方你在做什麼。聊一聊你想要什麼東西與原因，相較於只是在腦中空想，和其他人聊的好處是，你將必須說出不少心中隱藏的假設。你或許認為，你懂為什麼自己對於某份工作或職涯道路，擁有某種感受。然而，你向別人解釋時，將得說出為什麼你會有那些感受，找出一種講法。通常，這樣一來，你會更清楚自己的價值觀，不只是內省而已。

你的價值觀影響著你的是非判斷，這個道理大概人

人都懂，畢竟英文的「評估」（evaluate）一字，隱含著「價值」（value）這個單字。然而，你開始仔細觀察自身的反應後，可能會發現，你原本以為自己重視的事，不同於你真正感覺重要的事。布萊恩原本以為，自己想要擁有功成名就的職涯，但他仔細觀察真心喜歡的活動與結果後，發現升官發財並不會帶給他滿足感，他真正感到興奮的是助人。

找出你的考慮集合，列出選項

釐清你的價值觀後，列出你要應徵的工作。從價值觀出發的好處，在於人們的計畫大多十分明確，瞄準特定的工作與職涯道路，忽略依據價值觀而來的大目標，因此他們答應接受的工作，不一定能夠引領他們踏上終將帶來滿足的道路。

舉例來說，許多大學主修專注於特定的職涯道路，機械工程系畢業的人會做某幾種工作，電腦科學則引導學生走向其他某幾種工作。人們通常不會主修文科，因為比較難找工作。主修歷史的學生，少數幾人日後成為歷史學者，但大多數的人不會；不過，雖然大部分的公司，沒有太多聘請歷史專家的需求，但那不代表主修歷史沒有價值。這個科系傳授的許多技能，可以增加學生的工作效率，包括思辨、分析情境與寫作等，但相關好處來自

於應用那些技能，而不是這個學科本身傳授的概念。

剛才提過「心靈時間旅行」，你不妨運用一下那個方法，想像自己在未來回顧職涯。你希望你能說自己做了哪些事？哪些事能夠帶給你滿足感？

訣竅在於設想自己的人生故事時，不要先想好這個不要、那個不要。所有人對於人生該怎麼走，都有一定的概念。我們想像過自己會住在哪裡、做什麼工作、家庭狀況如何，思考職涯時，若是事先過分限制自己的發展機會，將導致你只留意到你為自己設定的工作。某個工作機會愈接近你的人生願景，你愈可能跑去應徵，設法獲得那份工作。

然而，我們在想像未來時，高度受限於已知的事。湯姆·華德（Tom Ward）等學者做的研究，請成人替一顆「外星球」畫出生物；也就是說，這項任務需要實驗參與者畫出新奇生物。儘管如此，大家畫出的東西，通常有對稱的手腳、眼睛和耳朵，而理論上愈高等的生物，愈可能被畫成靠雙腿走路。換句話說，受試者在提出新點子時，無意間運用了既有的動物知識，以及哪些動物比較聰明。任何的創意活動，都會受到你已知的事物影響。

你替未來的工作設想的願景也是一樣。你能為自己想像的事，背後依據的是你已經經歷過的事。你所選擇

的職涯道路，受你以前見過的職涯道路影響，那就是為什麼高中時的我在填寫職涯問卷時，從我的答案來看，有一天我會成為會計師。如果你只因為從來沒想過從事某種工作，就排除掉潛在的工作機會，等於是拒絕讓這個世界拓展你的職涯知識庫。我當年要是事先預設好自己的職涯，各位今天大概就不會讀到這本書，我可能會變成幫你報稅的人。

很多方法都能讓你接觸不曾考慮過的工作。社區經常舉辦就業博覽會，尤其是附近有學院或大學的話。許多城市都有求職者可以參加的人脈團體，職涯教練也能建議新的可能性。有的求職網站會定期刊登文章，介紹符合特定價值觀的企業與工作，例如：工作與生活能夠好好平衡、具有職涯發展機會等。別忘了利用相關資源，拓展你可以考慮的選項。

在蒐集你的「考慮集合」時，最後一個重要問題是你想撒多大的網。你應該堅守心目中的理想工作就好，或是多多益善？

關於工作的發問中，這一題有大致的答案。你應該應徵的工作數量，應該遠超過「你認為有必要」的數量。我們之所以會低估該應徵多少份工作，部分原因是你依據你覺得自己會喜歡的工作進行篩選。或許，更重要的一點是，你對於能夠應徵上工作的機率，可能過於自信。

如果你和其他大部分的人一樣，你會有「控制的錯覺」（illusion of control）。這個詞彙最早由心理學者艾倫・蘭格（Ellen Langer）提出，她證實了人們自認為能夠影響結果的程度，高過實際的情形。以應徵工作為例，有許多因素你完全無法掌控，例如：徵才公司可能早有屬意的人選；負責看履歷的人，可能根本沒仔細看你寫的東西；公司先前招到的新人，跟你念同一間大學，結果那個人留給公司很差的印象等。

　　工作應徵流程的隨機程度，遠超過你的想像。在多數的情況下，「隨機」是指無法依據知識來預測的因子。因此，一般來講，你應該重新審視你運用的資源，列出要應徵的職缺，納入你原本刪除的選項。把你原先的應徵數量乘以二，大概才是應有的數目。

　　許多求職者起初採取不同的策略，把精神集中在他們認為自己真心想做的工作，然後才逐漸放寬應徵數量。基於幾點理由，一開始就可以應徵廣一點的範圍。首先，你會碰上超出掌控的因子，應徵的工作數量太少的話，有可能一個工作都找不到，甚至連面試的機會都沒有，害自己心情低落。第二，你找工作的時間長度會有「機會成本」。機會成本的意思是說，你原本可以把某項資源用在其他地方上。如果你花很多時間，等待屈指可數的幾間理想公司回應你，你會錯過其他可以應徵

的工作。此外，你專心追求理想工作時，待業時間愈長，你能從任何工作中賺到的錢也愈少。第三，應徵一份工作，不代表上了就一定要去。如果你獲得一份不是很確定自己會喜歡的工作，永遠都可以拒絕。最後，即便最後決定不接受某份工作，有機會多多練習面試技巧，永遠是好事。後文的第3章，會再談工作面試。

　　基於前述理由，你應徵的工作數量，理應多過你認為有必要的數字。只要是你覺得有可能學著喜歡的工作，都應該投投看。

爵士腦：
敞開心胸，接受新事物

培養開放的態度，才有辦法蒐集到大量的「考慮集合」，此時爵士腦可以助你一臂之力。爵士樂手必須學會演奏「outside」，也就是「調外即興」，不大符合和弦進行的獨奏音符。方法是練習邊陲的流行音樂音階，例如：半音階與減音階。漸漸的，那些不協調的音符就會感覺對了，因為音階變得熟悉。然而，厲害的即興者能夠做到的原因是願意敞

開心胸，接受可能性，所以旋律能以眾多方式呈現。不只是音樂需要敞開心胸，面對每一種可能的體驗都一樣。

人格心理學家找出人類有五種核心特質，取了「五大」（Big Five）這個響亮的名稱，其中一項特質是「經驗開放性」（openness to experience），此一性格特質反映出人們面對新情境時的傾向。如果你追求刺激的新機會，你具備開放性；如果你對新事物感到焦慮，你屬於封閉組。然而，人格特質不是註定無法改變的命運，即便你碰上新事物時，天生的反應是害怕，你也可以決定「管他的，還是試試看！」，尤其是在職場上。

我們必須培養願意探索新事物的意願，因為許多發展職涯的途徑，將符合你的價值觀。有的路可能得嘗試你不曾考慮過的工作，本章提到的克里斯在填寫政府問卷之前，大概不曾想過要到戰區生活，但他最終從事了感覺有意義的職涯。

重點回顧

你的大腦

動機腦

- 感受是動機系統與腦部溝通的方式。

- 情緒是對於感受的詮釋。

- 「經驗開放性」反映出你面對新事物的傾向。

社會腦

- 你的價值體系主要來自你的文化與身邊的人，每個人的價值觀可能極為不同。

認知腦

- 你的想像會受到你知道的事情影響。

- 人會有「控制的錯覺」。

小訣竅

- 你不必找到熱情，可以學著喜歡自己的工作。

- 把自己的工作當成天職或使命，可以增加你投入的程度。

- 尋找符合自身價值觀的工作。

- 不要預先刪除可以走的職涯道路。
- 你應徵的工作數量，應該超過「你認為有必要」的數目。
- 不要只是因為你對某些工作所知不多，就不考慮那些機會。

3
應徵與面試：
掌握勝出的訣竅

　　決定好要應徵哪些工作後，好戲才正要開鑼。你要開始聯絡對方，本章主要會談如何在這個階段留下最好的印象。從投履歷，就要給人好感，接下來的面試也一樣。

　　這個階段要成功的話，你的思考得從招募者的角度出發，畢竟你的應徵資料，會被徵才公司裡一個或少數幾個人看過，而他們八成不會跟你要額外的資料。你愈清楚應徵的評估流程，就愈可能從一大堆履歷中，靠少數的一兩頁文字脫穎而出，接著在面試過程中建立個人連結。面試又是另一個世界，影響著你能應徵上的可能性。

　　應徵流程將是你能了解公司的重要機會，你以後有可能在那裡工作。應徵者通常把投履歷和面試，當成從「應徵者」到「潛在雇主」的單向資訊流。然而，雇主徵人的方式會說出許多事，你將明白他們的價值觀，還會

知道替他們工作會是什麼感覺。留意相關訊號，是一件很重要的事。

投履歷：
釐清徵才者想要什麼，使用對方的語言

大多數的應徵資料包含各種紙本文件和電腦檔案，這是你能讓聘雇人員或招募委員會留下印象的主要機會。文件內容可能包含應徵表格與求職信，列出你具備哪些工作資格，以及凸顯你的關鍵經驗的簡歷，或許還包括相關作品集。有的公司還會要求你接受一些測驗，評估相關的工作技能，或是要求你填寫興趣量表與人格量表。

這個步驟能否過關，要看你能不能讓招募者眼睛為之一亮，也因此你需要了解幾件事，清楚人們是如何利用你提供的資料做決定。

你該判斷的事情中，最重要的一項大概是徵才組織真正想要的東西。也就是說，你在準備應徵材料之前，已經有很多功課要做。

艾莉森平日負責評估工作履歷，提供無數的求職者建議。我們聊的時候，她建議：「做功課、做功課、做功課……盡量了解裡頭的人、環境、文化，判斷你是否會如魚得水，找出有哪些挑戰與機會。不要只找對外公

布的公開訊息，也要來點幕後調查，同時了解內部與外部對公司的看法，接著為那間公司量身打造你的履歷，不要只有求職信件的內容寫得稍微不一樣而已。」

正在徵才的組織會提供一定的資訊，在徵才廣告上說明自己是什麼樣的公司、要找什麼樣的人。然而，你不該只看求職廣告上提供的資訊，也該好好了解對方是做什麼的、公司是如何談自身的使命，這樣的資訊會放在企業官網上，新聞報導也會提到。此外，如果你有認識的人在那裡工作過（目前在職那更好），可以聽聽看他們如何談上班的經驗。

我在寫這本書的時候，和許多招募人員談過，每個都提到應徵者會犯的最大錯誤，就是不熟悉組織的使命、不清楚徵才廣告上寫了什麼。組織對於那份工作的期許，你不一定得瞭若指掌，但對於公司對外公布的資訊，你的確應該搞清楚。

你不只得以抽象方式了解組織的目標，使用那間公司的語言也很重要。人們如果能夠輕鬆想著某件事，會增強他們喜歡那件事的程度，心理學稱為「認知流暢度」（processing fluency）。你在介紹自己時，關鍵是人們愈能流暢處理你提供的資訊，就愈可能喜歡你的履歷。

你在應徵工作時，如何能夠增加認知流暢度？公司用哪些詞彙來形容自己與此次徵才的職位，依樣畫葫

蘆就對了！羅賓經常幫新創公司找人，他自己這些年也應徵過幾份工作，特別指出：「我在填寫履歷和參加面試時，會使用雇主的詞彙。一樣的事可以用好幾種方式表達，你談到自己符合對方想要的特質時，如果是用你自己的說話方式表達，對方有可能沒有意識到，你就是他們在找的人。」羅賓指出，模仿雇主用語的另一項好處，就是招募者將更為流暢理解你寫下的東西，因此會更喜歡你的履歷。

整理應徵資料時，還該留心最近流行的格式。上網查一下履歷該怎麼寫，找出大家普遍使用哪種字體、偏好哪種格式，以及如果需要列印出來的話，大家一般都選用哪種紙。此外，別忘了，一個錯字都不能有。

你可能會不大同意，認為你想傳達的內容比格式重要，但第一印象再重要不過了。對於負責找人的人來說，履歷和求職信上寫的資訊，其實大多沒什麼幫助。如果是初階職位，很少有應徵者會有大量相關經驗。如果是較為進階的工作，又很難比較不同人選的工作經驗。此外，大多數的推薦信都大力推薦人選，因此很難靠推薦信看出誰比較適合。相較之下，格式亂七八糟或錯字連篇，可以讓人一眼就決定不考慮你。

接下來，我會帶大家細看剛才提過的幾項重點。

進入下一關或出局：
留意「送禮者的矛盾」

在應徵流程的每一個階段，招募者的思考方式會不一樣。想像一下你是他們，他們刊登徵才廣告，然後履歷如雪片般飛來。在最初的這個階段，招募者的目標是初步篩選應徵者，把人數刪減到有辦法細看的程度。

即便招募者最重要的目標是找出優秀應徵者，他們會做的第一件事是盡量篩掉應徵者。埃爾達・夏菲爾（Eldar Shafir）所做的研究顯示，不論整體目標是什麼，人們重視的資訊，一般和正在做的工作有關。也就是說，看你履歷的人評估的第一件事，將幾乎只有找出能夠篩掉你的資訊。你的履歷要是有不對勁的地方，將不會進入下一關，即便你的長處與此次最優秀的應徵者不相上下。

一定得做的第一件事，就是避開所有能夠刪掉你的明顯理由。一定要檢查你寄過去的所有資料。錯字是很好抓的毛病，因為大多數的文書處理器都會自動標示，但無論如何，你都該整個檢查過一遍。此外，一定要確認你在給每一間不同公司的求職信上，列出正確無誤的應徵職位、公司名稱與聯絡人，千萬不要忘了改。萬一你應徵的是A公司，信上卻寫著B公司人資長的名字，

你的履歷很容易被跳過。

應徵資料的格式也很重要。難以閱讀的履歷，會讓忙碌的招募人員容易放棄。就連選用不理想的字型也是大忌 ——**Comic Sans**，就是在說你。不該犯的錯都不要犯，別害自己無法進入下一關。

另外，你要好好閱讀職缺說明，如果上頭說一定得具備某些資格，請確認你真的具備。在這個聘雇流程的第一階段，主事者不會仔細研究你全部的豐功偉業，只會用必備資格來篩選應徵者。

幸好，一旦招募人員完成篩選後，心態就會轉變。前幾段提到的相容性原則，這下子不再讓招募人員忙著找出刪掉某個應徵者的理由，改成找出為什麼該讓他們進入決選名單。決選名單上的人，將被仔細審視，有可能會獲得面試機會。招募者此時會把目光放在應徵者的正面特質上，也就是說，你的應徵資料應該盡量增加正面資訊帶來的影響力。

此時，要注意的是金柏利・韋弗（Kimberlee Weaver）、史蒂芬・賈西亞（Stephen Garcia）、舒瓦茲在論文中提出的「送禮者的矛盾」（presenter's paradox）。三位研究者指出，人們想著該如何呈現自我介紹的資訊時，一般會塞進所有想得到的正面事項。你強調自己的成就時，有些的確很了不起，例如：大學時代拿過獎、創新獲得

全國性的專家評審小組認可等。其他的成績則可能也還不錯，但沒那麼令人驚豔，例如：在簡報比賽中拿到佳作等。

你準備應徵資料時，或許會以為你應徵的公司是用「加法」來評估；換句話說，你以為對方會看你的資料，把你的每項成就加起來，最後得出一個總分。如果應徵資料真是這樣評估，那的確連佳作也列出來，將會增加你脫穎而出的機率。

然而，人類真正評估事物的方式，其實是從可得的資訊中獲得平均的印象，因此三項大成就＋好幾項小成就，反而會拉低平均，整體分數不如僅僅列出三項大成就就好。你在呈現自己的正面資訊時，記得要精挑細選，提最大的幾項就好。你要懂得抗拒誘惑，不要在履歷上塞了一堆無關緊要的正面元素，記得少即是多。

精確彰顯你的長處，
寫履歷不是謙虛比賽

人們在填寫履歷時，經常會以為列出事實，別人就都會懂那些學經歷的重要性，錯過強調自身長處的機會。

這個問題與文化有關。你的社會腦大概被設定成避免自誇 —— 女性尤其被教導要謙虛，所以不大可能對外大力宣揚自己的豐功偉業。花太多時間自吹自擂，講自

己工作上有多厲害，可能會被人疏遠，名聲不佳，大部分的時候還是謙虛一點比較好。

然而，找工作不是這種時候。

你的履歷不該輕描淡寫自己的成績，如果你帶領的團隊，成功做到其他好幾個團隊都失敗的事，一定要指出那件事。你在其他場合絕不會談到的事，在履歷上可以講。清楚說明你達成的事究竟重要在哪裡，以及你在團隊中扮演了什麼樣的角色，助了團隊一臂之力。

你應該從會看你履歷的人的觀點出發，他們有堆積如山的應徵資料要考慮，可能還得一次替好幾個職位找到人。招募人員有太多、太多履歷要看，你不能假設在未經一定引導的情況下，他們一眼就能看出你的資歷有多亮眼——當然，如果你得的是諾貝爾獎，大概就不必詳細解釋為什麼得過這個獎很了不起了。

舉例而言，如果你是某某專業協會的成員，協會提名你為會士，這是很尊榮的頭銜嗎？有可能是。如果那是你的領域最大的協會，只有屈指可數的幾個人能夠當上會士，那是非常重大的成就，你應該說明這個身分的重要性，讓招募人員另眼相看：「○○○專業協會擁有1萬名會員，只有5%的成員為會士。」

你要讓招募人員一眼就能看見重點中的重點，在求職信上列出關鍵長處，並且解釋那些特定技能與此次職

缺的相關性。然後，在履歷上使用和求職信上一樣的字詞，再次強調那些長處，協助招募人員理解你在應徵資料中提供的資訊。

你的目標是進入面試。心理學做過許多關於「以原因為基礎」（reason-based choice）的研究，詳細摘要請見夏菲爾、伊塔瑪‧西蒙森（Itamar Simonson）、阿莫斯‧特沃斯基（Amos Tversky）的論文。在許多情境下，人們會替自己的選擇「找理由」，尤其是得向他人解釋時，我們會簡單說明為什麼會那樣選擇。

當然，人們替生活做出選擇時，有時不會講出明確的原因，例如：他們因為喜歡某件藝術品，選擇用來裝飾家裡，但說不出究竟為什麼受到吸引。人們也可能只是因為感覺對了，就賭某匹馬會贏。然而，招募人員大概得向某個人解釋，為什麼他們會選擇雇用某個應徵者，或是以某種形式記錄徵才過程。別忘了助他們一臂之力，在應徵資料上提供應該選擇你的理由。

最後要留意的一點是，你在履歷上提到的事，一定要「有所本」。不少名人因為學經歷造假，引起軒然大波，因此在這裡要重申，你的履歷上提到的具體事項，都應該盡量精確真實。如果你念過某間學校但沒畢業，不要把自己列成畢業生。如果你只得到佳作，不要號稱是某某獎的冠軍得主。

或許，更重要的一點是，你有過哪些成績，務必誠實以對。「自我中心偏誤」（egocentric bias）的研究顯示，一件事要是能夠成功，人們一般會高估自己的貢獻。如果你請團隊裡的每個人評估自己占了成品幾成的功勞，所有人的答案相加之後，將遠超過100％。

　　在應徵工作的情境下，高估自己的貢獻重要性沒什麼不對，但你一定要能提供明確的例子。如果你成功進入面試階段，你在履歷表上提到的豐功偉業，招募人員很可能請你進一步說明，你必須有明確證據或故事佐證。

面試：恭喜你！提升錄用機會

　　寄出履歷後，接下來是令人沮喪的等待時間，每件事都不在你的掌控之中。此時，招募人員會評估一大堆履歷，決定想見誰一面，面試流程就此開始。

　　對招募人員來講，面試很麻煩，所以通常一個職缺，只會找幾個人來面試。因此，獲得面試機會應該要開心，此時應徵上的機率大增。

　　雖然很難講，面試到底能讓雇主了解你多少，但面試深深影響著你能否拿到工作。應徵者的履歷橫跨整個職涯，包括證照、證書、學歷等，推薦信則是反映出一定時間的長期關係。如果應徵的資料還包括作品集，作品也能夠說明許多事。相較之下，面試通常只有幾個

小時，頂多幾天，如果是非常高階的職位的話，而地點則是高度受控的環境，照理說，面試提供的小小資訊樣本，重要性不該高過應徵資料提供的資訊。

或許，企業可以參考餐廳業的例子。我家二兒子在餐廳廚房工作，他應徵新工作時，會接受簡單的面試，餐廳確認推薦人沒問題後，會直接讓他輪一個班或一點時間。這個爐邊試用，同時讓雇主和應徵者獲得資訊，雇主可以了解應徵者的手藝，應徵者也能夠感受一下，自己是否會在這間廚房如魚得水。我兒子不只一次在餐廳實習後，決定那裡不是他想待的地方，即使對方願意提供工作。

雇主希望從面試中得到什麼？他們希望了解你的履歷上沒說清楚的技能。此外，有愈來愈多公司會趁面試時間做測驗，了解你是否適合某個職位，還有他們會試圖評估你能否融入組織，會不會是一起工作的好人選？我聊過的一位招募人員告訴我，面試的主要目的是確認應徵者沒長著四顆頭還噴火。

然而，道理如同我兒子在實習時，有辦法得知很多關於一間餐廳的事，你在面試的過程中，也能夠趁機多多了解一下潛在雇主。很多人在面試時，忙著給對方留下好印象，沒去思考自己能從面試中得知的事。

接下來，我要一一剖析面試的不同面向。

展現你擁有的專業技能

只看履歷很難得知你有多少真功夫，你的證照或許能夠證明你擁有某項特定專業能力，但你究竟能夠做什麼，不一定很明顯，也因此公司有可能挪出部分的面試時間來評估你的技能。

如果是科技業，徵才公司可能會要求你憑藉領域知識，解出那份工作會碰上的技術性問題。喬伊應徵某間大公司的數據分析工作，她通過初步的篩選面試後，公司要她解幾道題。接下來，喬伊在第二輪的面試，向面試官解釋她的答案。此外，公司也可能要你依據所知提供建議，預測某項專案需要多少時間才能完成等。

在其他的專業領域，也可能要求應徵者解題，例如：老師可能會被要求設計教案，解釋自己將如何處理某個教室情境，銷售人員可能必須向假想顧客介紹產品。許多熱門的求職網站設有專區，接受過某間公司面試的熱心網友，可以放上自己被問到的題目。所以，你可以好好研究別人的經驗，了解面試時可能會出現的考題。如果你認識待過那間公司的人，你可以說出你的答案，問那樣講好不好。

面試官問問題，是為了試著了解你。當然，部分目的是想知道你在履歷上提到的技能是否屬實，但也是為

了了解你解決問題的方法。在此,我要提醒大家幾件事。

首先,拿到題目後,萬一一下子不知道該怎麼回答,不要驚慌。面試是壓力非常大的情境,而認知腦的研究又顯示,壓力會減少腦中裝的資訊,你的「工作記憶容量」(working memory capacity)會縮減。工作記憶是解決複雜問題時的重要助力,因此壓力會讓你更難成功解題。你一慌,壓力就更大,工作記憶容量就會進一步減少。

第二,別忘了眾家企業在討論業務時,大多會發明自家術語。假設你到寶僑面試,你被問到你將採取哪種策略,好在「第一關鍵時刻」(the first moment of truth)改善產品表現,你可能會愣住,不曉得怎麼回答,因為出了寶僑後,「第一關鍵時刻」不是你日常會聽見的詞彙。那其實是寶僑內部的講法,意思是顧客與商店架上產品互動的頭幾秒鐘。

如果面試官講出你不熟悉的詞彙,可以請對方說明。不必以為面試官拋出的每一個行話,全都是大家知道的東西,一定要弄懂問題在問什麼。

第三,盡量發問,把握與面試官交談的機會。舉例來說,如果對方要求你評估某項專案需要花多少時間才能完成,那就詢問公司一般使用哪些工具來規劃專案行程,通常由哪些小組一起討論期限與責任分配。這樣的

發問，顯示你熟悉在解決你被問到的問題時，哪些障礙是關鍵，而你想多了解一下該公司是如何處理的。

　　企業一度流行在面試時，詢問與專業技能無關的一般性邏輯推理問題，例如Google以詢問應徵者千奇百怪的題目出名。不過，這個面試手法已經失寵，因為有能力解決與真實情境無關的問題，無法預測應徵者在工作上的實際表現。解決真實問題，是一套知識密集的流程。

了解你的人格特質

　　許多公司會要求應徵者接受人格特質測驗，用以配對工作。「特質」（trait）是指會影響你的行為的長期動機，與特質相對的是「狀態」（state），也就是你在某種情境當下的動機或感受。在應徵工作或面試的流程中，對方可能會要求你填寫數種問卷，用以評估核心的人格特徵。

　　本書各章會提到好幾種與職場表現相關的特質，不過這裡只提示三個重點。

　　首先，你的人格特徵，反映出你的動機腦預設。每個人的動機系統天生有點不同，有著不同的偏好。有的人熱愛社交互動，有的人喜歡獨自工作。有的人滴水不漏仔細推敲，有的人則是走一步算一步，兵來將擋，水來土淹。

　　成年後，你的預設動機將在一生中十分固定。如果你一般偏好單打獨鬥，不大可能會突然愛上需要大量社交互動的工作方式，那就是為什麼企業會讓應徵者做人格特質測驗，大致了解影響著你的動機腦的一般因子。

　　確實填寫人格特質測驗的問題，其實符合你的最佳利益。擅長利用相關測驗的企業，有辦法把你擺在正確的職位上，不會分配到你將很痛苦、永遠抵觸你的預設動機的工作。填寫相關問卷時，不要揣測公司樂見的特質，以免被分到你的性格無法忍受的職位。

　　第二，人格特質不會決定命運。多數的性格研究顯示，人們在某項特質上的歧異，大約頂多只能預測他們在某項特定行為的兩成差異，因為人類的行為受眾多因子影響。你的行為通常會受情境本身引導，你的目標也會影響你的所作所為，也因此你有可能在職場上，執行各種與你的人格特質不相符的工作，但依舊喜歡做那些事，原因是你相信組織抱持的使命，對於自己正在達成的目標感到興奮，樂意協助同事。

　　也就是說，你應該留意你的人格特質測驗得出的結果，但不要當成做職涯決定時唯一的依據。你能否在某個職位上做得風生水起，受到許許多多因素的影響，人格特質不過是其中一項。

　　最後，留意任何要求你在面試過程中接受「邁爾

斯—布里格斯性格分類法」測驗（Myers–Briggs Type Indicator, MBTI）的組織。MBTI是相當流行的量表，源自榮格（Karl Jung）的心理學理論，把人劃分成四個象限的類型。麻煩的是，MBTI有不少問題，尤其是再測信度低，如果你多測個幾次，有可能會得出差異極大的測驗結果。由於MBTI無法準確預測行為，很少用在行為的科學研究。此外，MBTI還會讓你在四個象限上，顯得比實際情形極端，因為眾多的人格研究顯示，多數人落在較為中庸的地方。如果某間公司把接受MBTI測驗，當成聘雇流程的一環，代表任職於那間公司的人員，沒人真正懂該如何將性格特質運用在職場上。

面試時，公司真正想看的是？

履歷上看不出來的東西，還有實際上的相處情形。這很重要，因為任何工作地點能否成功，主要得看人們齊心協力完成關鍵任務的程度。如果你的工作需要團隊一起解決問題，實際的任務將隨時依據團隊成員做的事變化，公司需要知道你是否為高超的團隊合作者。

即便從履歷上看來，正在徵人的職位所需要的技能，某位應徵者全數具備，萬一這個人不大能與同事和睦相處，或是無法融入企業文化，依舊是不合適的人選，因此招募人員會評估你的社交能力。盧卡斯提到類

似的面試經驗：他到某間公司參加第二場面試時，對方告知第一場面試的目的是判斷他的工作能力，二度面試則是為了「確認他不是混蛋」。

　　有鑑於此，你得呈現出你工作時的真正樣子。這點聽起來雖然好像不必提醒，但面試是高壓情境，你可能無暇顧及自己給人的印象，結果說出或做出事後會後悔的事，因此上場前要先做好幾個心理準備。

　　你在面試時看起來如何，是真的很重要。心理學做過許多關於「薄片判斷」（thin-slice judgment，指少量觀察資料）的研究，發現我們會在見到一個人之後，立刻做出判斷。印象部分來自於雙方的互動，但也來自於對方的樣子——這個人看起來好不好相處？

　　你的樣子有任何引人側目之處，人們就可能對你有不好的初始印象，而印象又會影響人們如何評估你在面試時做的事。如同你履歷上寫的東西，可能有模稜兩可之處，該如何解釋你的言行舉止也有模糊地帶。你說的某句話是幽默風趣，還是在挖苦？你這個人是自信，或是傲慢？有魅力，還是狗腿？人們要是對你有良好的第一印象，通常會朝善意方向解讀你的行為，要是有正面的印象，一般也會以更為正面的方式解釋你做的事，連帶做出對你有利的判斷，這種現象叫做「光環效應」（halo effect）。

不少人提供的面試建議主張，你應該永遠表現出真實的一面，在面試時也是一樣。我真的不願意像個碎碎念的老古板，但我還是要提醒一聲，換上正式服裝不叫「好假」，就算你平常不會那麼穿也一樣。穿著正式，只代表你知道面試是什麼樣的場合，該做什麼樣的事。職場上常有你不會說出真心話的時刻，或是你不會完全按照自己的意思去執行計畫。在面試時穿著正式一點，將能表現出你懂得職場上的規矩，就算你以後上班時，再也不必穿成那樣。

　　你見到的人在面試結束後，大概只會記得一小部分的資訊。人們通常大約只會記得三件事，如果其中之一與你的外貌有關，其他兩件最好是關於你的好事。

　　此外，你也應該盡一切所能，加深面試官留下的印象。心理學家馬汀・皮克利（Martin Pickering）與賽門・葛洛德（Simon Garrod）檢視發現人們會在社交互動中模仿彼此的大量證據，如果你微笑，你談話的對象八成也會微笑。如果你往前靠，他們也會往前靠。如果你精神奕奕，他們也會活力充沛。如果你散發熱情、喜悅與活力，面試官也會被你感染。

　　相較於一般的社交互動，精神奕奕在面試時更是重要關鍵，因為面試你的人，非常有可能當天一整天（甚至是連續好幾天），都得和應徵者互動，很難每一場面

試都全神貫注。如果你是午餐前最後一個面試的人，面試官大概已經開始走神，連帶導致你也沒啥活力，所以你要拿出元氣，由你來振奮面試官的精神。

說到午餐，如果你在面試日會和對方一起用餐，別忘了預做準備。如果你有某些東西不能吃的飲食限制，記得要事先告知安排面談的人員。吃東西不要急，如果當天吃得比平常少，沒關係。此外，飲酒要節制，如果你晚餐通常會小酌一下，那就看對方有沒有安排酒，客隨主便，但不管東道主喝多少，你一杯就該停下。

拿出你最平易近人的一面，但保持最自在的互動方式就好。如果你平常不是幽默、逗趣的人，不要試著在面試時，生平第一次大開玩笑，也不要試著丟出剛學會的新詞彙，因為你可能會說錯或誤用。留下好印象的方法，就是拿出你最好的一面，而不是裝成你以為公司會想要的人。

雖然你應該做自己，與人互動時，不要鋒芒畢露。如果你講話很直，對產業或時事有諸多看法，或許那些話留到進公司後再講比較好。

最重要的一點是，專注於正面的事。批評他人，酸言酸語，很容易一發不可收拾。批評很容易令人感覺自己講話擲地有聲，但你批評的東西，有可能剛好是面試官很在意的。想在職場上成功，你不只得找出問題，也

得想出解決辦法。光是批評東批評西,可能讓人看不出你解決問題的能力。最後一點則是,你愈是和人聊負面的事,他們和你講話時,心中會留下愈多負面的感受與想法,有可能把你和部分的負面印象連結在一起,最後變得不喜歡你這個人。

你的目標是當公司想要多花時間相處的人。關於這點,你可能不以為然,說你想表現出真實的一面,不想隱瞞自己的缺點。朋友就是愛你有話直說,你擁有與眾不同的幽默感,你平日讓氣氛突然凝結很有趣。你的同事在深入認識你之後,的確有可能喜歡這樣的個性,但沒必要在認識的第一天,就強調你的特殊脾性。

爵士腦:
別停留在搞砸的地方

我剛開始學用薩克斯風吹爵士樂,很多音都吹不好,頻頻出錯。我通常一吹錯就會停下,尤其是上課想要表現的時候。這種時候,老師就會把手放到耳朵旁,裝出在聽東西的樣子:「你有聽見聲音嗎?沒有!那個音已經過去了,繼續吹。」

面試新工作時,也會有出錯的時刻。你回答問

題時，不會和平日一樣流暢。有的答案明明知道，一時就是想不起來。

公司不期待完美人選，只想知道你碰上問題時的反應。不要因為一開始出槌，後面就跟著無心面試。研究顯示，人處於高壓狀態時，如果犯錯的代價很高，我們就會把大量的注意力，集中在自己的動作上——翔恩・貝洛克（Sian Beilock）的《搞什麼，又凸槌了？！》（Choke）一書，回顧了許多這方面的研究。然而，如果你過分關注自己的一舉一動，就無法自然與人交談。

面試開始後，你得相信自己先前的準備，要是出錯，也不要急著懊惱，繼續與面試官正常互動。你可以等面試結束後，晚一點再思考如何改善回答問題的方式。

面試時，如何觀察你的潛在雇主？

參加面試時，我們很容易把注意力集中在別人會如何幫我們打分數，畢竟從小到大，我們一直在接受評量。我們知道參加考試時，表現如何影響很大。

然而，面試其實是雙向的。公司會找你去面試，就代表對你有一定的興趣。雖然你想讓面試官印象深刻，面試也讓他們有機會展示在這間公司工作會是什麼感覺，不要錯過那樣的機會。

舉例來說，麗莎告訴我：「我去面試時，如果碰上突擊測試，我會回絕到那間公司工作的機會，因為那家公司的人以後不會尊重你，也不會尊重你的時間。」不論各位是否和麗莎有同樣的看法，重點在於公司處理面試的方式透露著端倪，你將一窺對方如何對待員工。

某些你能從面試中得知的事，也應該直接問，找出答案。多請教幾個人，了解你要去面試的公司。早在你參加面試前，就該找出人們說在那間公司上班有哪些優缺點。做好發問的準備，詢問進公司之後，情況會是如何。這一類的準備很重要，可以凸顯你是真心對這份工作感興趣。

當然，你得到的答案很重要，但是對方的回答方式也很重要。如果你提到其他人對於在這間公司工作有所

批評，觀察公司有多願意承認過去激起的怨言。真正的
「學習型組織」（learning organization）會坦然接受過去的
批評，談論如何改善工作環境。公司要是否認那些批評
的真實性，你進去之後，他們通常也不會願意改變。

　　關於公司的事，很多可以從觀察面試本身得知。舉
例來說，如果面試官向你拋出一個問題，詢問在某種互
動情境下，你將如何處理客戶？你不確定該如何回答，
所以多問了幾個問題，請對方解釋提問，甚至問面試官
自己會如何處理？你可能以為自己搞砸了，這下子沒希
望進這間公司了。

　　有些公司會認為你進公司時，什麼都要會；不過，
有些公司願意投資你的潛能，認為你有辦法與他人一起
合作解決問題。如果你尚未掌握某種知識或特定技能，
公司視為能夠進一步培養你的機會。萬一你在面試時，
不會回答某道題目，面試官就皺眉，扣你分數，那代表
這間公司要求員工上班的第一天就要有即戰力。面試官
要是願意和你討論某道困難的題目，在面試中教你東
西，代表這間公司認為員工的能力有辦法培養。我念大
學時，有一次應徵電子產品連鎖店的銷售人員，那時我
的面試經驗還很菜，面試我的人是區經理，他發現我顯
然不具備太多銷售知識後，整個面試過程都在教我如何
與顧客互動，最後還給了我那份工作。

從這個角度來看，在面試的過程中，稍微有點負面的互動其實是好事。工作不會每一天都順順利利的，人有錯手，馬有亂蹄，在面試時允許你犯錯的公司，你將曉得他們認為什麼能夠帶來成功。許多人認為支持他們成長的公司，提供了令人滿意的工作環境。記得趁面試時觀察蛛絲馬跡，了解那間公司如何處理相關情境。如果你在面試中，從頭到尾都沒有出錯，那很好 —— 不過，此時你得主動詢問這間公司提供的員工訓練機會，尤其要問有人犯錯時，公司會如何處理。試著了解這間公司，是否提供員工改善技能的發展計畫。

　　若要善用你能在面試中得知的公司資訊，那就要準備好你的認知腦，列出這間公司最大的未知數，面試時帶著問題清單。在面試開始前，複習一遍清單上的內容，讓自己有印象等一下該找出哪些資訊。此外，在面試的過程中，別忘了做筆記，不要仰賴記憶力，記下你覺得面試官提到哪些特別重要的事項。

　　如果你獲得工作機會，這份清單尤其有幫助，因為在你正式應聘之前，你可能還得談工作條件。第4章會談到這個部分，但你要記得，招聘流程在面試階段就已經開始。

面試後的禮儀

面試結束後，別忘了寄電子郵件，感謝招募人員抽空見你。如果你對於這份工作感到興奮，那就說出來。主動寄信可以保持暢通的溝通管道，如果他們還有什麼想知道的，後續可以保持聯絡。

不過，寄完感謝信後，你就得有耐心一點。你可以在面試時詢問，大約何時能夠知道結果，心裡有個底。但別忘了，企業找人的流程很花時間，可能還同時開了好幾個職缺，對方沒義務減輕你找工作的焦慮。

你在等待的期間，唯一該聯絡對方的時候，就只有出現其他重要新資訊的時刻，例如：你替先前的研發申請專利，已經順利通過了。這項資訊有可能對新公司來說很重要，所以你寄一封信過去，附上更新後的履歷。同樣的，如果你對某份工作特別感興趣，但已經被別家公司錄取，你可以讓心儀的公司知道這件事，希望在報到期限前得知結果。

坐著乾等，的確很痛苦；面試結束後，決定人選的流程，完全脫離你的掌控，令人焦急又沮喪。你的動機腦希望擁有一定的主動權，你會想要有一點音信，想要至少能夠確定點什麼，那是人性，但此時最好是順其自然。如果在這個階段聯絡對方，八成只會令人煩躁，對你的應徵沒好處。

重點回顧

你的大腦

動機腦

- 壓力會減少「工作記憶容量」。

社會腦

- 留意「送禮者的矛盾」。人們看的是平均，不是全部相加的總合。

- 小心「自我中心偏誤」，你八成會高估自己對於計畫的貢獻。

- 「光環效應」是指，如果最初留下良好的印象，人們在評估作為時，也會從善意的角度解釋。

- 人類在社交互動時，會模仿彼此的行為。

認知腦

- 「認知流暢度」是指能以多輕鬆的方式理解資訊。

- 公司在挑人時，會有「任務相容性」效應：在篩選履歷時，會仔細挑出缺點；在接受人選時，會留意優點。

- 人們需要理由，解釋自己做出的選擇。

小訣竅

- 好好研究一下你應徵的公司。
- 模仿對方的用語，增加「認知流暢度」。
- 仔細檢查你的應徵資料，不要提供略過你的履歷的好理由。
- 呈現自己最好的一面，普普通通的成績不要放上去。
- 不要謙虛，指出過去重要的豐功偉業，但明確解釋你個人的貢獻在哪裡。
- 面試會緊張是正常的，別忘了問問題。
- 準備好展現你在應徵資料上強調的技能。
- 在面試時，拿出你工作時真正的樣貌。
- 面試時要有精神、有熱忱，面試官的心情會被你感染。
- 面試時萬一出槌不要擔心，你可以趁機了解那間公司如何面對員工出錯。
- 面試前做好準備，想好要問面試官哪些問題。
- 面試後，耐心等待結果出爐。

4

獲得工作機會、談條件，做出決定

完成面試流程後，最後會得知公司的決定。當然，理論上只有兩種可能：你錄取了或銘謝惠顧。本章主要談在得知結果後，如何決定是否要到錄取的公司上班。

我們先看萬一沒錄取該怎麼辦，但本章主要探討如何有效與公司談工作條件，以及做決定該注意哪幾件事。

首先，萬一是壞消息

你的動機腦會一直想著對你來說重要的目標，對許多求職者來說，最重要的就是拿到最想要的工作，所以會花很多心思投入那個目標。

你為了目標所投入的心血，影響著你的情緒反應將有多強烈。你的反應會是正面或負面的，要看你成功或失敗。我以前很迷美式足球，紐約巨人隊（New York Giants）

輸球時，我一整天心情惡劣。然而，我年紀愈來愈大後，整體而言沒那麼瘋體育了。現在，要是聽到巨人隊輸了，頂多只是情緒狀態小小受到影響。

得知你很想要的工作沒上之後，你會有很強烈的負面反應 —— 難過、焦慮、憤怒。究竟會出現哪種情緒，要看你如何評估狀況。第2章提過，情緒要看你如何解釋感受。如果你的焦點主要放在錯失機會，你會難過。如果你的焦點是自己需要一份工作，你會焦慮。如果你認為有人，例如招募人員，在徵選的過程中不公，你會感到憤怒。

我曾和兩位研究同仁聊過，他們都申請了本校某個職缺，最後都輸給其他人選，兩個人都出現了相當負面的反應，這情有可原。A把注意力放在錯過機會，因此得知落選的消息後，失望難過了好一陣子。B則是覺得聘雇委員會未能考慮到他長期為學校盡心竭力付出，對於委員會和校方感到憤怒不已。相同的情境，有可能導致非常不同的情緒反應，一切要看你如何解釋發生的事。

得知沒錄取的第一時間，你最初的反應，有可能是你得做點什麼。

千萬不要。

你對於某個結果出現強烈的負面感受時，當下你會認為許多行為都很合理，盛怒之下想寫信或打電話，大

聲和一堆人抱怨你居然沒得到那份工作。

　　長期而言，那一類的反應不大可能幫助你找到工作，不論是拒絕你的那間公司或其他公司。事關你的職業生涯時，眼光最好還是放遠一點。

　　你必須做的第一件事，就是給自己機會冷靜下來。去運動、跳舞，發洩任何體內的精力。看是要做瑜伽或冥想，晚上先好好睡一覺，有什麼事，睡飽了再說。

　　不要四處抱怨的一大理由是，山水有相逢，人情留一線，日後好相見。我在1993年就曾到德州大學面試，過程十分順利，但最後公布的人選不是我。不過，我和系所依舊保持聯絡，五年後再次開缺，我受邀再次申請，今天我已經在德州大學任教超過二十年。

　　給自己時間冷靜下來後，可以考慮是否要聯絡拒絕你的公司。如果那個職缺很多人應徵，這麼做可能沒有用，因為招募人員大概記不得你是誰。不過，如果你覺得已經和招募人員建立個人關係了，而且你真的對那份工作十分感興趣，或許你可以再度強調你很希望能夠在他們那裡工作，請對方給你建議，主動了解未來如何改善面試表現。

　　當你請教對方自己如何能夠改進時，請不要暗示對方挑錯人，記得要表現出虛心求教的態度。這樣的互動，有時能夠帶來有用的反饋。即便沒有獲得有用的建

議，至少你提醒了對方你很感興趣。第1章登場過的我家大兒子就是這樣，他第一次被拒絕，但最後順利進了公司。他起先得知沒有錄取後，請對方提供建議，因為他覺得面試明明很順利。通完電話後，招募人員決定給他第二次的面試機會，最後雇用他。

重點是：別忘了，你與公司的每一次互動，都會影響你的人脈。記得要廣結善緣，讓更多人對你有好感，減少對你有負評的人。如果你正處於氣急敗壞的狀態，尤其要把這點牢記於心。

解決資訊不對稱，談好工作條件

人生偶有壞消息，不過有一天你會接到電話說：恭喜，你錄取了！這下子，你依舊會反應強烈，只不過這次大概是開心、喜悅和興奮，可能還參雜了一絲緊張。

你準備好正式應聘前，可能還得花點功夫協商雇用條件。相較於再過一陣子，此時的你比較有談條件的空間，因為公司已經表態希望你去上班，處於招兵買馬的狀態。然而，除非你顯然有其他地方可去，或是你的表現實在太好，雇主想要獎勵你，一旦你答應過去上班，議價空間就會減少。

你必須做的第一件事，就是請認知腦出馬，做好談條件的準備。

協商的基本困難之處，在於你和希望雇用你的公司之間，存在著資訊不對稱。你曉得自己的需求，也知道你願意接受的薪水、福利、開始上班的日期、簽約金與假期等。公司則知道萬一和你談不攏，有哪些人能夠替補你，也知道業界一般支付那個職位多少錢，以及其他公司給的福利範圍，例如年終獎金、銷售佣金比率、進修津貼等。除非想請你的是一間非常小的公司，要不然公司談雇用條件的經驗，大概比你多很多。因此，你要做的第一項功課，就是減少資訊不對稱的程度，盡量了解你要談條件的公司。

減少資訊不對稱的方法，就是有條不紊地為協商做好準備，別靠直覺判斷自己準備好了沒。大量的「解釋水平」（construal level）研究顯示，相較於近在眼前的事，時間上、空間上與社會關係很遙遠的事，我們會偏向用抽象方式理解。

當你離實際在某間公司上班還很遠，你會偏向於注重表面上最重要的工作條件，例如：薪資、休假天數等。然而，某份工作的許多特定細節，從遠處看的時候似乎無關緊要，一旦你成為正式員工後就變得十分重要，包括你的工作空間（專屬辦公室、開放隔間、共用桌子）、薪資福利（退休方案、獎金制度）、職涯發展（導師制度、教育福利）、工作時數（彈性工時、週末工

作、加班），以及萬一你得因為工作搬家的搬遷費用等。

　　所以，所有你關心的薪水福利問題，全部列出來。列出你的問題後，拿給幾個人看看，確認沒有漏掉任何重要事項。

　　列好清單後，你需要回答問題。你可能靠經驗就知道如何處理其中幾個問題，但也要確認其他的資訊來源。你可以尋找業界人脈，最好是恰巧就在錄取你的公司上班的人，並且試著了解一下類似的公司提供什麼樣的薪資條件。人們可能不大願意透露實際的薪水，但你可以了解獎金與員工福利制度。很多公司都會強調自己提供的福利，所以你可以詢問招募者，後文立刻就會提到，雖然招募者是你談條件的對象，但不代表他們就是敵人。

　　接下來，決定你要談到什麼條件。第一件事，就是評估你的需求。你（和其他倚賴你的收入生活的人）需要多少錢，才能不挨餓，甚至過得不錯？你的哪些人生志向，有可能在接下來幾年改變你需要的收入金額？例如，你和另一半如果討論過要生孩子，你得把養孩子的支出也納入考量。你有辦法存錢應對緊急事件和未來的目標嗎？

　　想一想你理想中的工作時間表。你可能最喜歡傳統的朝九晚五，但你可能還有其他有熱情的興趣，可

能影響你的理想上班時間。我因為參加樂團，認識不少樂手。現場表演一般都在深夜進行，因此許多樂手選擇的工作，要能配合這種作息。例如，其中一位是麵包師傅，他的輪班從凌晨三點開始，剛好在他晚場表演剛結束後。其他樂手則是安排白天的工作可以早上十點再到，表演過後還能再睡一下。

此外，公司開出的各種條件，你也要考量優先順序。有哪些事你不願意讓步？哪些事你願意商量？準備談工作條件時，請先確認你對於每件事情能夠通融的程度，例如：要是公司願意替你負擔搬家到新城市的支出，你可能會願意為了簽約金，薪水稍微委屈一點。不要等到真正開始談了，才開始想自己願意做出哪些取捨，因為開始談了以後，你就會感到一定得談成的壓力，可能做出日後會後悔的讓步。

接下來，找出和你的需求有關的資訊。你應徵上的那個職位，薪資落在哪個範圍？許多求職網站會提供類似職缺平均薪資福利，很多還會納入生活成本考量，列出不同地區的薪資水準。

如果你認識業界人士，他們可以提供一些寶貴的資訊，尤其如果你先在網路上做功課，沒找到任何類似職位的資訊時。我和D聊天（D不是化名，他真的就叫D），他在軍方待了30年後榮退，到民間找工作。某間

大型顧問公司請他管理將在軍事基地進行的專案，D剛好認識那個基地的窗口，所以有辦法得知計畫的規模與合約範圍，判斷要求多少薪水是合適的，最後公司也的確答應了D要求的數字。

做功課為的是不要對你應徵的職缺一無所知就上場談條件，找出哪些東西是可以談的，列出你最重要的需求。

談工作條件時的心態

你得先知道什麼是談判，了解如何設想理想結果，才有辦法有效談判。

談判是解決認知上「利益衝突」（conflict of interest）的方法，也就是雙方目標不一致的情況。員工希望上班薪水愈多愈好，雇主則是覺得成本愈低愈好。剛才在定義中，我加上了「認知上」這幾個字，因為在許多情境下，一方會自行假定另一方要的東西，例如：公司其實有可能想讓員工滿意，所以願意支付比最低薪資高出許多的薪水，以求留住人才。

多數人進入談判情境時，心中帶有隱形的隱喻框架。隱喻是指用A領域的概念來解釋B領域，例如：「薩莉塔一直攻擊胡安的論點，把他打了個落花流水。」如果你這樣講，你是把辯論喻為戰爭。

當你把某個特定的隱喻框架，套用在情境上，那

個框架通常會影響你如何判斷成敗。如果你把辯論視為戰爭，你會覺得要是無法說服對方，讓對方同意你的立場，你就輸了。在這樣的框架下，在複雜議題上達成共識，將不被視為正面結果。

談判的主要隱喻框架，就是雙方分坐在桌子兩頭，協議擺在雙方之間的桌上。如果協議結果比較靠近某一方，就一定就會離另一方比較遠，因此雙方處於拉鋸戰，兩邊都試著讓對方做出最大讓步。從這樣的觀點出發，談判的本質是競爭，一方贏了，另一方就輸了。

這種談判的結果，就是雙方都擔心對方會利用任何到手的資訊，也因此通常不會透露自己想要或需要什麼，認為隱瞞資訊就可以在談判中處於上風。

然而，在求職的情境下，我們可以考慮另一種談判的隱喻框架。你可以想像與談判夥伴並肩前行，走向一幅美麗的景象。談好的協議在前方某處，唯一的談判限制是，你們雙方必須一起走到那個協議的所在地。

在這樣的隱喻下，談判目標變成「一起解決問題」，而不是「贏過對方」。採取這種做法，將開啟潛在的雙贏情境，雙方目的一致。舉例來說，你可能想先休息兩個月去旅遊，才進新公司上班。你的新雇主其實也正在打造新的辦公空間，如果你能晚個一兩個月再正式上班，那就太好了。然而，你假設雙方的目標起衝突，公

司不會同意你那麼晚才開始上班,所以不開口提出這個條件,擔心新公司會乾脆就不聘用你了。最後達成的協議,有可能是你們雙方都不滿意的結果。

　　當你能把談判當成一起前進的機會,你會願意透露資訊,說出你需要與想要的東西。你的談判夥伴如果不曉得你要什麼,無從協助你達成目標,有一種可能是你的夥伴無法以你想要的方式滿足你,但有辦法換一種方法給你相同的東西。

　　舉例來說,蘇珊正在談一份新的銷售工作,她希望薪水可以達六位數,但正在找人的公司現金不多,給不起那麼高的底薪。不過,該公司願意提高佣金,只要蘇珊表現好,依舊能夠拿到理想中的數字。要不是因為雙方都說出自己的目標與難處,蘇珊和雇主原本無法達成協議,但攜手合作後,皆大歡喜。

　　這裡的重點是:你真正的目標,要是存在著資訊不對稱,你和潛在雇主不會談得更順利。如果你想要或需要某些東西,那就讓對方知道。萬一那些東西不符合公司的目標與價值觀,你遭到拒絕,你依舊得知了寶貴的資訊。不過,你也不必太早洩氣,因為潛在雇主通常知道你不知情的選項,能以你不曾想過的方式,達成你的目標,但前提是你得透露你真正想要的東西,公司才能想辦法應對。

怎麼談？注意錨點

如何開啟談判？

過去五十年間，心理學最重要的發現是阿莫斯·特沃斯基（Amos Tversky）與丹尼爾·康納曼（Daniel Kahneman）率先提出的「定錨與調整」（anchoring and adjustment）捷思法。這個概念很簡單，當人們試著評估某樣東西的價值時，會以心理環境中的數字為基準。他們知道應該不是那個數字，所以會朝他們認為正確的方向調整，但通常調整得不夠多，因此誤判東西的價值。

除了價值，一個簡單的例子是，如果有人問你喬治·華盛頓（George Washington）是在哪一年當選美國總統的？很多人都知道的歷史錨點是《美國獨立宣言》的簽署日期是 1776 年，加上你知道華盛頓一定是在《美國獨立宣言》後才選上總統，所以你以 1776 年為基準多加個幾年。然而，你調整得不夠多，你失準的部分原因在於美國獨立戰爭延續的時間，比大多數的近期衝突長很多。你可能以為差不多打了 6 年，所以猜測華盛頓是在 1783 年被選為總統，但實際上一直要到 1787 年才召開制憲會議，華盛頓 1789 年才被選為美國總統。

談判時，你最先看到或聽見的數字，有可能為整個談判定調，成為關鍵價值的討論錨點。在整個談判的過

程中，你要找出你可能會當成錨點的數字，小心不要太繞著那些數字打轉。康納長期擔任招募人員，他提到剛出社會的大學畢業生很常犯的錯誤，就是看到徵才廣告上公司開出的薪資範圍後，把最高數字當成錨點，然後氣公司在談薪水的時候，試著開出比較低的數字。新鮮人有可能一氣之下不接受那份工作，認為公司欺負新人。

了解薪資範圍的用途很重要，上限是讓已經有工作經驗的員工知道，目前的工作還有可能加薪多少，因為光是從職務描述中很難得知這點。例如，薪水最高四萬八的工作，讓已經在領五萬二的人知道，這份工作大概不適合自己。

最低薪資則表示，公司想付經驗不多或沒有經驗的應徵者多少錢，例如剛畢業的社會新鮮人。當你還沒有工作經驗時，卻把最高薪資當成起點，你大概很容易感到失望。一個比較好的做法是：改把最低數字當成錨點，往上調整到你要的薪水。

談判中的另一種錨點，來自手上已經確定有工作。套用談判術語，其他已經到手的工作機會叫做「BATNA」，也就是「談判協議的最佳替代方案」（best alternative to a negotiated agreement）。如果你和這家公司沒談成，你的其他選項是什麼？如果你有其他工作機會在手，你的其他選項就是接受那個工作機會。如果沒有

的話，你的最佳替代方案就是繼續找工作。

如果你已經確定有工作可做，和別家公司談判時，顯然比較有餘裕，感覺有冒險空間。此外，你自然會把已經到手的工作機會當成錨點；也就是說，你和這間公司談的時候，會從確定可以拿到的薪水往上加。

不過，如果你採取這種策略，有可能無意間要的太少。公司願意支付的薪水，其實有可能遠遠高出你的要求，所以請一定要釐清那個職位的薪資範圍。如果可以拿到高出許多的薪水，可別把你的BATNA當成錨點。

最後，小心自己是如何設定錨點，也要小心你看見數字時，數字是如何呈現的。假設你要求的薪資是年薪51,000美元，這個錨點的意思是：你希望談判的焦點，將是非0的數字中最小的那個位數 —— 千位數，所以你預期對方會砍到48,000美元。此時要注意，這裡談的是很多錢，年薪差3,000美元的意思是，每個月差了250美元，可以多買好幾次菜，還能出門好好享受一晚。

假設你要求的數字是51,400美元，這下子你期待調整的範圍將是幾百美元，而不是幾千美元。根據亞當‧賈林斯基（Adam Galinsky）等研究人員所做的研究，證據顯示談判者更容易回應明確的錨點，只要不過頭就好，例如：開口要求51,432.04美元的年薪，並不會讓你如願以償得到想要的數字。試著把錨點設在比你的直覺

低一階的地方，限制對方的砍價範圍，剛好就會是你想
要的價格。

多聽一點，多了解情況

　　本書談到的一個主題是「社會腦能夠幫助你多了解
未來的雇主」，在談判的過程中更是如此。公司如果願
意談，碰到僵局時，也會願意設法解決，你會知道這間
公司具備多少彈性，有多願意和你一起努力，也知道你
進了公司以後，上級有多可能尋求創新的問題解方。

　　海瑟提到先前找人的經驗，她替某間高科技公司
的執行長尋覓執行助理，找到一位完美人選，對方要
求65,000美元的薪資。公司說，不同城市的生活成本不
同，所以砍價到55,000美元。那位人選不願意拿比先前
還低的薪水，堅持一定要65,000美元。結果，公司提高
價碼到57,500美元，承諾會有7,500美元的獎金，但不肯
明說要符合什麼條件，才可以拿到這7,500美元的獎金。
這位人選擔心，這顯示出公司不是很重視她的技能與專
業，雖然後來她還是接下了這份工作，但一下子就離職
了，因為她上班後，公司對待她的態度，果然就和面試
過程一樣。

　　當然，你蒐集到的公司資訊，有些會是正面的 ——
即便這間公司沒答應你開出的每一項條件。前文提過的

康納指出，有些人雖然沒有相關業界資歷，依舊要求拿到薪資範圍的高標薪水，這樣的人大多不了解要做好那份工作，有多少事情需要學習。康納的公司會和新人談，在頭幾年他們將需要接受多少訓練，才有辦法勝任工作。

應徵者若是明白，公司是在投資他們個人的未來，就會重視這個在職教育，知道只要自己好好學，最後有辦法在這間或另一間公司拿到更高的薪水。只看薪水的應徵者，將不願意到康納的公司上班，很多人跑去不提供慷慨訓練福利的公司。

你剛開始和某家公司談待遇時，如果能有導師指導，解釋你碰上的情況，那就太好了。當對方開的薪水比你想要的低，公司是否給出好理由？為什麼公司不肯在有薪假方面彈性一點？你談不到自己想要的條件時，或許會怪公司，認為公司哪裡有問題才不肯答應。如果有人指點你，你就能知道自己是否漏掉某個關鍵重點，所以你的要求並不合理。經驗豐富的同事，或許有辦法在不盡如人意的協商過後，幫你解讀到底發生了什麼事。

想清楚，在關鍵時刻，做正確的事

心理學家亞里・克魯格藍斯基（Arie Kruglanski）與托利・希金斯（Tory Higgins）開創的研究領域，源於

觀察到動機腦有「思考模式」（thinking mode）與「行動模式」（doing mode）。當你處於思考模式時，會處理情境資訊，考慮選項，設法解決問題。當你處於行動模式時，會準備行動，因此萬一被某件事拖著無法有進展時，你會感到不耐煩。英文的隱喻說法，很能夠看出這兩者的區別：我們平日會說「退一步」思考：taking a step back，或是按照計畫「前進」：moving forward。

你在談判過程中，務必留意這兩種模式。當你還在試著談比較好的條件時，最好停留在思考模式，設法多滿足一點自己的需求。如果你覺得真的談得差不多了，那就切換到行動模式，達成協議，在合約上簽名。

理想上，最好如此。然而，徵才者塑造的情境，有可能影響你的動機腦，例如：規定在期限內回覆是否接受工作，是一種催促人動起來的方法。愈是接近最後期限，壓力就愈大，你覺得有必須行動，而不是慢慢考慮。

不過，期限其實是可以商量的。雇主有時間壓力，因為可能有好幾位應徵者等著知道自己究竟有沒有上。萬一你不想要這份工作，公司可能還有其他中意的人選。雇主當然希望你是真心想要這份工作的，不是在騎驢找馬，只待幾個月，一見有更好的機會就走人。

如果你需要多一點時間，你應該開口。我剛拿到博士學位找教職時，伊利諾大學願意聘我。大約在我必

須做出最後決定的一週前，哥倫比亞大學打電話邀我去面試。我聯絡伊利諾大學的人員，請他們多給我一點時間，他們答應了，因為他們不希望我是在不得已的情況下，才接受他們的聘書。最後，我拿到哥倫比亞大學的工作，伊利諾大學聘請了另一位人選。

除了現實情境，你個人的想法也會影響你的動機模式。找工作令人壓力很大，有太多事情都很難講，你可能會想要快點搞定。如果你一下子進入行動模式，有可能會亂槍打鳥，什麼工作都投投看，然後出現第一家說要用你的公司，你就去了，沒處於思考模式。即便不甚理想的機會出現，你也未能三思而後行。

此時，如果有人能夠給你建議，自是再好也不過了。當工作市場熱絡時，你不需要面對第一個工作機會就接受。接受不合適的工作，很難常保敬業精神。薪資與福利要是不符合你的需求，很容易讓你一下子就不想做了。好的導師能夠協助你做決定，妥善評估是否該等待更好的工作機會出現。

爵士腦：

多聽聲音，多找靈感

還不賴的爵士樂手，如果想讓現場表演更上一層樓，方法就是和景仰的同行一起演奏，隨時聆聽了解音符、節奏、風格可以如何變化。樂手之間這種相互觀摩的時刻，讓有些人日後成為大師，有些人則是一直停留在普通水準。

同樣的道理，在協商過程中，你一定要仔細聆聽別人說話，才能替任何相衝突的地方，找出適切的解決之道。人們進入協商流程時，心裡通常已經先想好一套劇本。求職者希望拿到X元的薪水，於是開高了15%，等著對方砍到自己心目中的理想薪水。至於公司這邊，在開始談薪水前，有可能先談其他事，你很容易一心只想著自己想要的價碼，沒仔細聽清楚對方提供了哪些條件。

協商能成，很多時候靠的是雙方在不同事情上，各自堅持的程度不同。只要你願意放棄自己不大在意的項目，有時你可以100%拿到自己最重視的東西，例如：你不介意開始上班的日期，願意晚

一點再正式入職，以交換多一點的有薪假。

唯有認真聆聽雇主是如何談論這份工作的各個面向時，你才會了解真正的優先順序是什麼。

如何做出比較好的求職決定？

到了某個時間點，你將得做出決定 —— 要接下這份工作嗎？接下來，先談你目前還沒有工作時的選擇，但是大部分的概念也能應用在目前還在職、正在尋找下一份工作的時刻，第9章會再談如何決定是否該換工作了。

做決定時，很重要的考量是：這份工作是否大致上符合你的需求？你一開始找工作的目的是什麼？我們在第2章談過，在篩選要應徵哪些工作時，價值觀所扮演的角色。請你回頭看那些價值觀，眼前的這份工作，符合你的價值觀嗎？是否能夠提供你想要的那些東西？你的職涯可以更上一層樓嗎？它提供了哪些資源？或者工作彈性大，你將有餘裕追求人生中的其他興趣？

記住，你做選擇時的情境，和一旦開始工作後的情境可能很不一樣。你或許很幸運，有不只一份工作可以選擇。如果你可以選，自然很想要把幾個工作機會拿來比一比。工作A薪水比較高，但工作B提供了比較多的

訓練，或是工時比較彈性一點。做一下超級比一比，的確能夠得出寶貴的資訊，但同時對照幾個選項時，也會誤導你解讀資訊的方式。

為何如此？這和我們的認知腦用來做比較的「結構比對」（structural alignment）過程有關。多年前，我還是研究生的時候，曾和心理學教授德蕾·詹特納（Dedre Gentner）在實驗室一起做過此一過程的研究。

比較兩樣東西時，首先你會找出兩樣東西的共通之處。有些共通之處完全一樣，例如：兩份工作都提供兩週的有薪假，有些共通之處只有部分一樣，例如：兩份工作都有薪水，但其中一份的薪水比較高。由於找出這種類型的差異，將需要從共通點出發（例如：兩份工作都有薪水），這種差異的專有名詞是「可對比的差異」（alignable difference，又譯「對位差異」。）研究顯示，人們做比較時，會專注於「可對比的差異」，因為做選擇時，完全一樣的地方沒什麼好講的。

然而，其中一個選項具備的元素，有可能在另一個選項沒有對應的元素，例如：你想要繼續進修，工作A提供補助，但工作B沒有。在選項之中，只有一個選項具備的元素叫做「無法對比的差異」（nonalignable difference，又譯「非對位差異」。）研究顯示，當選項放在一起時，會降低「無法對比的差異」的重要性；也

就是說，你有可能在做決定時，忽略其中一項獨有的特質，即便那項特質在日後具備重要性。

心理學的對比理論所帶來的啟示是，不要只把選項放在一起比，而是要分開思考每一個選項。你應該個別想像在每一間公司工作時的景象，回想一下你和那間公司先前的互動經驗，例如：面試過程或造訪企業總部的感想等，幫助自己想像實際在裡頭工作會是什麼感覺。

當然，即便你確實注意到「無法對比的差異」，依舊有可能不納入考量，因為你不確定究竟該如何評估那個不同點。比方說，2,000美元的員工進修福利，到底是好或不好？如果另一個工作機會，提供了能夠對比的福利，你會比較好判斷，畢竟可以領5,000美元，顯然一定比只有2,000美元的好。當某個工作機會如果具備無法比較的面向時，你會需要一點額外的專業知識，才有辦法判別真正的價值。此時，如果有職場專家從旁協助，再度是好事一件。

深思熟慮，也要相信你的直覺

你考量選項時，依直覺行事與深思熟慮的兩種認知腦，八成會同時派上用場。康納曼推廣了率先由凱斯·史坦諾維奇（Keith Stanovich）與理查·魏斯特（Richard West）提出的術語，稱直覺認知腦為「系統1」（System 1），

慢想認知腦為「系統2」（System 2）。

　　人類在做決定時，傾向於專注使用慢思系統。眾多研究顯示，人們之所以挑中某一個選項，通常是因為那個選項很好解釋。你替職涯選擇想出的理由，的確很重要，記得留意自己支持與反對每一個選項的全部原因。

　　不過，你的感受也很重要。提姆・威爾森（Tim Wilson）等學者做的研究顯示，選項所引發的情緒反應，通常混雜著你提出的理由之外的資訊。好理由簡潔又方便解釋，但你的情緒同時包含了選擇的眾多面向。此外，你提出的理由，通常集中在方便用語言來解釋的事，例如：薪水、福利、假期等。情緒反應則很難用語言完善表達，你可能參觀了某間辦公室，感受到那裡的氣氛不錯或氣氛不佳。可能是員工壓力大，所以氣氛不理想，但你說不大上來自己感應到什麼。你總覺得好像不大對勁，但不曉得為什麼怪。

　　別忽略自己的這類反應，如果你覺得某間公司不大對勁，就試著多找出一點訊息，進一步了解這間公司。你可以和在那裡上班的人聊一聊，或是瀏覽求職網上現任與前任員工對公司的評論。我和鮑勃・杜克（Bob Duke）每週一起主持電台播客節目《雙俠聊大腦》，鮑勃有一句口頭禪：好的決定應該要「想起來很有道理，感覺也對了！」這句話充滿了智慧，如果你理智上認為

該做某項決定，但你心中不那麼認為，在你展開行動之前，先找出原因。

愈看愈覺得是這樣，留意趨同傾向

你開始傾向某個選擇時，有兩件事會影響你心向何方。第一件事就是你會出現「動機推理」（motivated reasoning），也就是你的動機腦會開始朝你想要的結果詮釋資訊。當資訊模稜兩可時，你會朝著滿足自身渴望的方向理解資訊。如果你正在考慮要不要到A公司上班，又聽見這家公司的正反傳聞，你想去的話就會相信好話，不想去的話就會相信壞話。

第二點是傑・盧索（Jay Russo）等人的決策研究顯示，認知腦會把注意力轉換到符合你當下偏好的資訊，不去看你想選的選項的缺點，也不去看其他選項的優點，結果就是：你想要的結果看上去比實際情形美好。這種機制會造成看法的「趨同」（spreading coherence），過了一段時間後，人們會覺得自己想選的選項，是唯一可能的選擇。

你一定要留意到人類的這種傾向，尤其是如果你正在考慮去上班的公司，傳出一些不好的消息，你很可能會不當一回事。

當你意有所屬時，確保自己能把資訊納入考量的方

法，就是用有系統的方式記錄選項的相關資訊。如果你去見了潛在雇主，不要仰賴記憶力，立刻在見面後寫下你的印象，以及你從招募人員或目前的員工那裡得知的任何具體資訊。記得要記錄面試的始末，以及你和招募人員聯絡的情形。保留你和那間公司通過的所有電子郵件，在你做決定時，再讀一遍。

選擇的「趨同」現象，主要會影響到你的記憶與注意力。清單與電子郵件等外在協助，讓你在做決定時，不會忘了關鍵資訊。

下了決定就不要回頭，
有禮貌地拒絕其他招募者

一旦做出決定，選了一條路，那就往前走。

你會很想比較當初沒選的其他選項，但這麼做於事無補。你選了某個選項，自然會錯過其他選項的優點，但木已成舟，你的職涯能否成功，現在得靠你已經做出的選擇。

即使你對自己的選擇感到不安，勇敢前進就對了。你能否令人刮目相看，起點是你認真投入公司的使命，因此你做出決定之後，就全力以赴。你沒和這份工作或這間公司結婚，一輩子綁死，但至少目前是命運共同體。在本書的第二部，會再多談一點工作成功的關鍵助力。

你可能很幸運，手上不只一個選項，不免得讓某些公司失望，一定得拒絕某幾個人。讓潛在雇主知道你不會去他們那裡時，要記住兩件事。

第一，不要因為不好意思拒絕別人，影響了你的決定。你的動機腦面對不想做的事情時，有可能進入迴避模式。如果潛在雇主一直對你很好，你可能會覺得不去他們那裡工作會不安。第6章會再談相關重點，壞消息一般都很難開口，你甚至可能會開始覺得，你打算回絕掉的那份工作，其實也還不錯，畢竟只要你能夠找到答應接受的理由，就不必聯絡公司，告知你不會去上班。

此時，你需要從長遠的眼光，看待你培養的工作關係。潛在雇主知道還有別人也想爭取你，你一輩子拒絕工作機會的次數可能沒幾次，但招募者其實天天都在被拒絕，並不會因此對你留有壞印象。如果會的話，你八成也不該到他們的公司上班，因為他們把自己的目標看得遠遠比你重要。你必須替你的職涯做出最好的決定，不必管招募你的公司的打算。

第二，如同工作招募流程的其他面向，你拒絕工作機會的方式，將影響你的社交網絡。你的目標是雖然回絕掉某個特定職缺，但依舊維持正面口碑。

如果你和招募人員培養出個人關係，那就親自打通電話告知你的決定，不要用寫信的。你可能會覺得電

子郵件帶來令人安心的社交距離，但你該做的是建立直接的連結。你可以感謝招募者特地花這個時間，也感謝他們對你感興趣。如果你是忍痛下這個決定，那就說出來，讓對方知道。在你的職業生涯中，大概還會再碰到這間公司的人，甚至有一天可能會改變心意，想要接受那份工作。還是那句老話：人情留一線，日後好相見。

重點回顧

你的大腦

動機腦

- 你的情緒反應的力道，與你投入目標的程度相關。
- 你有動機「思考模式」與動機「行動模式」。
- 你希望見到的結果，將影響你重視新資訊的程度。

社會腦

- 談判會「資訊不對稱」，公司知道很多你不知道的事。
- 拒絕他人會讓你感到不好意思。

認知腦

- 「解釋水平理論」是指你和某件事的時間、空間或社會距離離得愈遠，你會以愈抽象的方式思考。
- 隱喻影響著我們思考事物的方式。
- 「結構比對」會使你專注於選項之間「可對比的差異」，不會放在「無法對

比的差異」。此外，「無法對比的差異」比「可對比的差異」難評估，即便你留意到差異的存在。

- 「定錨與調整」是一種決定策略，你定錨於一個數字，接著朝期望數字調整，但人們調整的程度通常不夠多。

- 你的認知腦有直覺的一面（系統1）與深思熟慮的一面（系統2）。

小訣竅

- 得知未獲得心儀的工作時，千萬不要一時衝動做出反應，給自己時間冷靜下來。

- 如果沒有錄取，可以請教對方，了解自己哪裡還能夠做得更好。

- 準備談工作條件之前，問很多問題，做很多研究。請在那間公司上班的人（現職或前任員工）提供資訊，減少資訊不對稱的程度。

- 談工作條件前，所有你在意的事都要預做準備。

- 把談判視為一起解決問題，而不是分出

輸贏。

- 小心談判條件的數字有可能成為錨點；別讓你的BATNA變成錨點。

- 從公司和你談條件的方式，可以看出公司的很多事。

- 掌控好談判中的思考與行動模式，如果談出來的條件不利於你，那就維持在思考模式。等談出你能夠接受的協議，再切換成行動模式。

- 想起來有道理，感覺也對了，才是好的選擇。

- 不要只是把選項拿來互比，你會因此只注意到「可對比的差異」。

- 小心不要過度重視你希望見到的結果的好處，因此低估了壞處。

- 不要只是為了不想讓招募你的人失望，就做出你的決定。

- 如果你和找你去上班的人或公司有交情，那就親口告知你的決定，不要用電子郵件回絕。

第二部

當個成功的工作人

5

填補知識缺口，
尋找導師，持續學習

接下來在第二部，我們要談如何幫助你拿出傑出的工作表現。成功的四大要素是學習、溝通、做出成績與領導，本章先從學習講起。

邊做邊學，大概是改善工作表現最重要的要素。不論你的學歷多麼優秀，先前的工作經驗多麼豐富，在公司錄取你的那一刻，你不會知道新工作需要的每一件事。學習之路，始於你願意承認自己有不知道的事，也有興趣學習新事物。

學習是在填補不足之處

你的認知腦儲存著做好工作所需要的知識，三種關鍵知識讓你有辦法回答「Who?」、「How?」、「Why?」等問題。「Who?」是指你必須認識哪些人，才有辦法獲

得資源、資訊與協助，讓工作順暢無阻。在本章後面提到的「導師」段落，會回頭談論這件事。「How?」是指讓你得以完成工作的程序。「Why?」則包含擁有良好的「因果性知識」（causal knowledge），也就是了解在你的專業領域，世界是如何運作的。具備因果性知識，就能夠以新的方法解決新的問題，不會只能執行學過的步驟。

「因果性知識」的例子，可以想想不同模式的客服。許多科技公司客服中心的第一線服務人員，其實對科技領域不大熟，靠腳本工作。由於他們不清楚自己協助處理的系統究竟是如何運作，對於超出腳本的問題就無能為力。如果腳本已經預先設想顧客會碰上的問題，那就沒問題。要是腳本沒寫，雙方互動了半天，可能還是無法解決問題。相較之下，受過訓練的專業人員，就有辦法診斷與解決各種問題，以前沒出現過的也難不倒他們，這就是「因果性知識」的力量。

增進專業知識的第一步，就是找出自己的知識有哪些不足之處。如果你缺乏自覺，不清楚自己知道與不知道什麼，大概不會有動力學習新的東西，也無法有技巧地學習。當你不清楚自己目前的知識狀態時，只能碰運氣發現關鍵的新知識。

在接下來這幾段，將會探索找出知識缺口的障礙。有的障礙存在於你的認知腦，你不是永遠都清楚自己哪

些地方無知，有的障礙則與社會腦有關，人們有時會不願承認自己無知。此外，我也會檢視哪些方法能夠鼓勵人們增進知識。

你知道自己缺乏哪些知識或技能嗎？

有能力找出自己知道什麼、不知道什麼，叫做「後設認知」（metacognition），也就是思考自身思考的過程。你的認知腦擁有複雜的能力，有辦法評估自己知道、不知道什麼。你利用好幾種資訊來源來判斷這件事。羅迪・羅迪格（Roddy Roediger）與凱薩琳・麥德摩（Kathleen McDermott）所做的研究，找出人們判斷是否知道某件事的兩種重要源頭：記憶與熟悉度。如果我問你，有沒有聽過史蒂芬・霍金（Stephen Hawking）這個人，你會開始搜尋記憶裡和這個人有關的資訊。如果你明確回想起這是一位著名物理學家，或是他研究過黑洞、患有漸凍人症（ALS），你就能判斷自己聽過霍金。

當然，你不一定是靠檢索資訊來判斷自己知不知道，有時是靠資訊是否感覺熟悉。如果我問你，你是否聽過葛麗絲・霍普（Grace Hopper），你可能想不起任何有關她的資訊，但依舊回答聽過。霍普是電腦科學的先驅，據說程式錯誤今日叫「bug」，就是由她開始的，但就算你一點都想不起來聽過關於她的事，你依舊可能判

斷自己聽過這個名字。後設認知的這些面向，對許多類型的知識來說，不會造成妨礙。你擅長判斷自己是否聽過某個人或某個簡單事實，以夠精確的程度判斷自己能否做各種事。如果有人問，你會不會彈鋼琴？你的答案應該足夠準確。

你的後設認知還算過得去，不是完美的。多數人至少會在部分領域有點自信過頭，尤其是評估自己做某件事的能幹程度。過度自信的情形，有時稱為「烏比岡湖效應」（Lake Wobegon effect），這個名稱出自蓋瑞森·凱羅爾（Garrison Keillor）的廣播節目《大家來我家》（*Prairie Home Companion*）中的虛構城鎮。在烏比岡湖一地，「所有女人都強悍，所有男人都俊帥，所有小孩都優於平均。」

大衛·鄧寧（David Dunning）與賈斯汀·克魯格（Justin Kruger）所做的相關研究發現，在許多領域，能力最差的人，一般也對自身能力最為過度自信。發生這種情形的一大原因，在於什麼叫專家級的表現，當事人不是很明白，也因此過度高估自身能力勝過他人的程度。在培養專業知識的過程中，你不只會學到新東西，還會發現自己不知道的事情還很多。

「鄧寧—克魯格效應」（Dunning-Kruger Effect）的重要社會意涵，在於這種現象通常會導致年輕員工與任職

公司之間的緊張氣氛。有些人不是真的明白在某個特定領域成功需要哪些能力，高估了自身的能力，認為自己不比公司裡的資深員工差，因此不明白為什麼自己無法快一點升遷，一下子就在職涯的早期階段感到沮喪。你愈明白專業表現需要的每一項條件，你對自己的職涯發展就會愈有耐性。

列奧尼德‧羅森布利特（Leonid Rosenblit）與法蘭克‧凱爾（Frank Keil）的研究，說明後設認知能力的第二項局限。兩位學者證實，人類會高估自身因果性知識的品質，自以為了解世事的運作原理，但其實沒有那麼懂。研究人員把這樣的失準，稱為「解釋深度的錯覺」（illusion of explanatory depth）。

這種錯覺有許多源頭。首先，人們通常會使用其實不是很明白意思的詞彙，在商業情境下，這種「毛病」特別嚴重。我在寫這本書的時候，聽到好多人在談某某概念對企業的未來很重要，例如：深度學習與區塊鏈。拋出這些詞彙的人究竟懂多少很難講，但隨著詞彙愈聽愈耳熟，就算自己不懂，也會誤以為自己懂了。

因果性知識有一個值得注意的架構。故事一般是線性的，但因果性知識比較像一個套著一個的俄羅斯娃娃，例如：本書談論在職場上應用心理學，所以我用了認知心理學、社會心理學、動機心理學的詞彙。在心

理學這一層之下是檢視大腦機制的神經科學，第1章提過，本書其實並未深入探討大腦的運作機制，但如果要了解心理學，就得對大腦有一定的認識。當然，相關知識還不只這樣，一層疊著一層：要了解腦細胞如何運作，就得具備大量的神經化學知識，才有辦法懂腦細胞是如何產生傳遞資訊的電訊號。

你判斷自己是否了解某件事如何運作時，等於是在確認腦中是否擁那個最大的俄羅斯娃娃 —— 因果解釋的開頭。然而，你不一定有辦法完整解釋，有可能沒發現某一層少了娃娃，也因此沒意識到自己缺乏關鍵的因果性知識。

不知道自己有知識缺口，就不會去填補。米雪琳·齊（Michelene Chi）與寇特·凡連（Kurt VanLehn）所做的研究顯示，找出知識缺口的最佳方法，就是向自己解釋一件事。也就是說，每當你碰上某件事的原理敘述，學起來後，向自己解釋一遍，看看自己是否真的學會了。那是心智版的在腦中打開俄羅斯娃娃，確認自己大中小的全套娃娃都有了。

這個做法能夠協助你找出知道與不知道的事，至於要不要填補，由你決定。後文會再談如何決定要填補哪些缺口。

承認不足與錯誤的好處

填補知識缺口的方法有很多，最常見的做法就是搜尋網路。你大概造訪過那種網頁，上頭依據各式各樣的主題，建議各種資訊網頁。就連只是匆匆瀏覽一下網路，也會跳出各種教你如何做某件事的大量影片。

最強大的知識來源是你身旁的人，一起工作的人，尤其是你的上級，理應能夠協助你發展職涯。他們曉得你們公司是如何運作的，你日常會碰上的許多問題，他們早已有一套應對之策，大概也能建議如何學習工作上的相關資訊。

若要請同仁協助你學習，首先你得克服社會腦設下的幾道障礙。

首先，如果你和多數人一樣，你會為了面子問題，不願意在社交情境下承認自己無知。坦承自己不知道某件事有可能丟臉，怕丟臉的效應很強大，即便是匿名調查也一樣 —— 人們對於某件事所知不多、沒有特定看法時，會挑中庸的選項。

有時人們不願意承認自己不知道，原因是患有「冒牌者症候群」（imposter syndrome），感覺自己是個騙子，不夠格坐上今天的位子。女性比男性更可能出現這種心態，當人們患有冒牌者症候群時，更不可能承認自

己不懂或犯了錯，畢竟要是你害怕自己沒資格坐在某個位子上，缺乏知識或犯錯會被當成「果然不夠格」的證據。因此，你不會向人尋求必要的協助，工作表現受到影響，進一步強化了自己果然不行的看法，冒牌者症候群成為自我應驗的預言。

許多人不願意在職場上承認錯誤——你可能已經社會化，認為犯錯是不好的事。從幼兒園一直到畢業出社會，你在學校裡能夠成功，主要是靠設法減少犯錯數量。若想考好，需要犯錯愈少愈好。如果你認為犯錯不好，就不會想向別人宣揚你犯了錯，或是自己的知識有漏洞。

由於人們擔心自己犯錯會受罰，所以會裝作沒事。文化上的常態做法是發生錯誤時，「得有人出來負責。」有過失的話，更是一定會被處罰。然而，情有可原的錯誤是一種學習經驗，就算後果嚴重也一樣。

承認錯誤，其實是獲得上司信任的最佳途徑。我在本書的開頭提到，我兒子做第一份工作時，和客戶出現不理想的互動。他事後跑去找主管，主管立刻給了他一些很好的建議，教他未來如何與那位客戶應對，還感謝他「知情上報」。我兒子日後在那間公司繼續得到更多機會。

你若能夠坦承錯誤，上司就知道你不懂某件事，或

是發生問題時,你知道要找主管。因此,他們更能放心把新工作交給你。第8章會再回頭談相關的領導議題。

此處的關鍵是:你必須克服社會腦中的各種聲音,那些聲音說你應該隱瞞錯誤,有不懂的地方,不要大聲張揚。然而,唯有說出你需要學習的東西,比你懂的同事才有辦法教你。

如何保持學習的動力?

找出自己有哪些知識缺口後,你得判斷自己究竟該學什麼。人們通常會把力氣集中在取得與工作最直接相關的資訊,這是起步的好策略,你的新工作八成會需要你做各種以前沒做過的事,或是得加快腳步,增加效率,做得比過去更好。你需要把注意力集中在勝任新職責上。

等到新工作上手後,要學什麼就得要有策略。你必須學的專業知識,範圍大概比你以為的廣得多。解決工作上的難題,不只得靠工作領域的專業知識,也得借用其他領域乍看之下不相關的知識。發明史上的這種例子不勝枚舉,全都是利用出乎意料的知識來源才能成功。電氣工程師喬治·梅斯倬(George de Mestral)發明了魔鬼氈(Velcro),靈感是他家的狗身上,毛黏著一堆蒼耳(cocklebur)這種很難清掉的有刺植物。詹姆士·戴森

（James Dyson）能夠發明吸塵器，是因為他具備鋸木廠與工業旋流器的知識。設計師費歐娜‧費爾斯特（Fiona Fairhurst）帶領 Speedo 泳裝公司的團隊，利用鯊魚皮的構造設計出泳衣材質。

你得做出取捨，每天大概都有上百件事等著你完成，到底要去哪裡生出時間，學習不和工作直接相關的知識？然而，如果不學習各種新知，你要如何協助組織找出新的問題解方？

有一群人以值得留意的方式做到兩者兼顧：他們是通才。我先前寫的《領導習慣》（*Habits of Leadership*）這本書中提過，通才對於形形色色的主題都擁有大量知識，因此通常會參與創新計畫。我最初會注意到通才的特質，就是因為研究了寶僑公司的「米爾斯學會會士」（Victor Mills Society Fellows），維克多‧米爾斯（Victor Mills）是尿布幫寶適（Pampers）的發明人，寶僑內部的優秀連續發明家會獲得此一頭銜。

通才具備數個與動機有關的性格特質，他們非常樂於體驗，對新事物感興趣，而且認知需求高，「認知需求」指的是喜愛深入思考事物的程度，雖然不在前文提過的五大性格特質中，但對工作來說十分重要。深具此種特質的人，一般會持續鑽研自己遇到的新主題。「十分願意體驗」＋「高認知需求」，讓通才得以深入學習

多種主題。

在此同時，通才的「盡責性」（conscientiousness，五大特質之一），卻通常只有中度到低度。盡責性讓人有始有終，開始做一件事就會完成，還會遵守規則。盡責性低的人，願意暫時放下手邊的工作，藉由閱讀文章、觀看影片、與他人談話等管道得到知識。

很可惜，人們通常會在職涯的早期，因為高盡責性獲得獎勵。那也是為什麼我訪談過的創新者會提到，自己是「儘管受限於制度，也很幸運能夠成功，而不是在制度的輔助下成功。」上司通常會責怪他們沒完成交辦的事，不會表揚他們挪出時間立下的功勞。這樣的主管無意間讓團隊迫於壓力，無法好好學習。

不論你的盡責性是高或低，你在工作上幾乎總是有一點餘裕，可以培養對你而言重要的面向。你應該定期要求獲得一些時間，研究有趣的點子，即便一時半刻看不出它們與工作的關連性。真心追求創新的雇主，將會願意給你空間，改善知識的廣度與深度。

尋找導師

凱薩大帝說過，經驗是最好的老師。讓我們得以學習的萬事萬物中，經驗的確威力強大。不過，美國的開國元勛富蘭克林說的也有道理：「只有笨蛋一定要上過

當，才會學一次乖。」

　　最好的老師，可能就在你身邊。

　　人類有驚人的環境適應能力，原因是只要肯學，幾乎什麼都能學會。然而，你不一定會知道，究竟需要懂哪些事才能成功，此時同事可以助你一臂之力。你想做好工作的話，將會需要有人引導。

　　許多組織都意識到導師制影響著員工能否成功，也因此設立了導師制度。你進公司不久後，就會有人聯絡你，你得知對方是你的導師，你們兩人有可能一起喝了一次咖啡，吃頓午餐聊一聊，接著……就沒了下文。

　　這類導師制度會失敗的原因，在於雙方的關係是隨便配對。你剛開始在某間公司上班時，不清楚成功的要素，你被分配到的導師，同樣也不清楚你的目標、長處、弱點，這樣的導師通常只能給你不痛不癢的含糊建議。

　　訣竅是：你要自己主動一點找人。你開始了解工作環境後，自然會碰到具備你仰慕的技能的人，那些就是你該去認識的人。接近他們，請他們撥出一點時間傳授成功之道。你請教的對象通常會受寵若驚，欣喜自己擁有你想要培養的能力，相當願意傾囊相授。

　　和導師見面時，不要只是靜靜坐著聽，要做筆記。坦白說出你想改善工作的哪些面向，導師愈是了解你，就愈能夠給出好建議。請導師出功課 —— 閱讀某些材

料、做某些事等,學習是一種主動付出的過程,你得出力才行。

你選中當導師的人,通常是組織裡的重要人物。他們有可能擔任領導職,有機會影響你的未來。如果你能夠請到這樣的人傳授專業知識,一定要照他們的建議做。如果他們推崇某本書,那就去讀。如果他們建議你培養某項能力,快點去做。你讓導師注意到你之後,還要下功夫讓他們印象深刻。

你需要的導師團隊

許多公司的導師計畫的第二個問題,在於一位員工只分配到一名導師。職涯會碰到的問題五花八門,很少有導師是萬事通。你應該集結一支導師團隊,一路引領你前進,別忘了導師有各種類型。

導師團隊中的重要成員是「教練」(coach),優秀教練不一定是職場上的超級明星,但他們深深了解職場,經驗豐富,可以協助你找出自身的優缺點。教練主要幫你兩大忙。他們聽你描述碰上的問題,靠發問協助你換個角度看事情,引導你找出解決的辦法。以後你碰上類似的事,就有辦法自行解決。此外,教練會建議改善工作表現的方法,例如:要閱讀哪些書、參加哪些團體、學習什麼新技能等。

教練與「顧問」（adviser）有一個很重要的不同點：顧問會聽你講出心中的話，然後建議行動步驟。你會很想找人當顧問，因為顧問會指出解決問題的明路。然而，最徹底的解決之道，依舊是你有辦法自行脫困。也就是說，你需要有人輔導你走過過程，找出每次碰上新情境時該怎麼辦，而不是直接把答案告訴你。

另一種好導師是「超級明星」（superstar）。你一定知道你工作的地方，或是更廣的社交圈裡的超級成功人士，他們擁有你要的東西。主動去認識這些人，請他們喝杯咖啡，偶爾寄電子郵件過去，請教他們是如何站上頂峰的。這樣的人大概沒有太多時間能夠花在你的身上，但是和他們相處的每一分每一秒都價值連城。你可能以為真正的超級明星，不會想和無名小卒說話，但許多成功人士在早期展開職涯時，也曾有導師幫過他們一把。此外，如果你請人聊聊自己，大部分的人都會感到榮幸。

你的導師團隊裡，還得要有「人脈王」（connector）。要達成一項目標，通常需要旁人協助，你尤其需要具備各種長才的各方人馬。展開一項計畫時，你得找出誰握有你將需要的資源。這樣的人，偶爾能夠透過LinkedIn或其他社群媒體找到，但那可能是大海撈針，聯絡網路上不認識的人，不一定能成功。

　　人脈王交友廣闊，有他們在，事情就會比較順利。你帶著試圖解決的問題去找人脈王時，他們通常認識幾個你可以談一談的人，也願意把你介紹給這些人，幫你起個頭，協助解決本章開頭提到的「Who?」的問題。

　　下一個要找的人，我稱為「圖書館員」（librarian）。在你不熟悉一切可得的資源在哪裡的大型組織，這樣的人特別寶貴。如果你替小公司做事，公司裡每個人的名字你都曉得，也清楚每個人負責哪些職務。然而，如果是大型組織，你很難知道你需要哪些單位、小組或個人的支援。此外，你可能不了解別人辦公室裡的政治角力，「圖書館員」能夠指點你搞懂其中的眉角，讓你好好運用組織提供的東西。「圖書館員」有可能是工作人員，也可能是行政人員，他們在公司待很久了，組織裡最祕密的事，他們全都曉得。

　　最後，擁有優秀「隊友」（teammate）當導師，也是千金不換，他們懂你在工作上正在經歷的事。在你有需要時，能夠幫助你發洩情緒。在你日子特別不順時，也能夠當個富有同情心的聽眾。不要一有什麼牢騷，就講給每個同事聽，但是有一兩個能夠信任的知己很重要，他們不一定和你待在同樣的組織工作，但相當了解你的工作性質，你不需要每件事都得從頭講起。

　　你的導師團隊成員，不必固定不變，只需要讓生活

圈子裡，有一群你能夠固定求援的人。有的人會慢慢淡出這個圈子，有的人會被吸引加入，但你要試著留住所有的導師，和他們維持良好的工作關係。

換你分享：擔任導師的價值

你除了該向同事學習，也該盡量分享所知。當別人的導師有幾點好處。

本章稍早的段落提過，修正「解釋深度的錯覺」的最佳良方，就是向自己解釋學到的東西。你最好要能養成這樣的習慣，而當導師則是讓你有機會向他人解釋。教學相長，你會更了解自身工作的關鍵面向。

凱琳告訴我，每當公司有新人時，她喜歡帶新人去喝咖啡，回答他們的問題。有一次，新人問起廠房的安全政策，認為那個政策似乎過時了，今日已有更新的技術。凱琳試著解釋那個政策時，發現自己也不曉得當初為什麼要那樣規定。她查了之後，召集小型的調查小組，修改政策。凱琳指出，從新鮮眼光看公司，通常具有價值。

你在組織內的社交網絡，通常很快就會成型。工作的頭幾個月，你會認識很多人，接著就形成慣例，新認識的人愈來愈少，僅倚賴認識的人協助完成計畫。這種情形可能造成組織內部的派系或小圈圈，擔任導師則能

以低成本的方式，大幅拓展你的人脈網。你將不只認識你指導的對象，還會認識他們來往的圈子。

工作久了以後，擔任導師還會出現另一項重要好處。你剛開始工作時，通常會對未來的展望感到興奮，等不及要展開一場新冒險。然而，隨著時間過去，即便你深深相信組織的使命，也認為自己的貢獻極具價值，卻有可能失去初心，不像當時那麼躍躍欲試了。

你指導的對象通常是初生之犢，可能才剛進公司，或者才剛接下新的職位。不論是哪種情形，他們放眼未來，為工作帶來活力。在心理學所說的「目標感染」（goal contagion）的作用下，你也會感受到新人的活力。多和急著追求新目標的人相處，你將能夠提振精神，通常還能找回工作目標。

爵士腦：
要用腦，也要用心

我聽爵士樂手說他們有兩派，一種是「用腦派」，另一種是「用心派」。用腦派嫻熟音樂理論，獨奏時嚴格按照規矩。用心派則是聆聽其他樂手，跟著

以「當下感覺對了」的方式演奏。他們對理論可能不是太熟，但樂聲令人著迷。

一流的樂手同時用腦也用心演奏，會花時間內化大量的音樂理論，在聆聽與演奏時，都應用理論。這種做法聽起來簡單，實則不然。

職場上最優秀的人也是一樣，同時用腦也用心，一路上成為領域真正的專家。他們不死板，有辦法用心聽，審時度勢，隨機應變。你必須掌握何時適合用標準的方式回應，何時則該見機行事。

若要兩者兼顧，最好的辦法就是持續擴大知識庫，留意身旁的情形。你的超級明星導師，八成同時用上了腦和心。觀察導師是怎麼做的，努力跟隨他們的榜樣。

持續進修，終身學習

持續學習是成功職涯的關鍵，你在上班第一天擁有的技能與知識，可以幫助你起步，但幾年後，工作將需要你具備新的技能與知識。光是執行每天的工作，不會自動獲得新知。進修的目的通常是彌補知識空缺，或是培養有明確目標的新能力，與事先沒有明確目標的通才

式學習相反。

　　和你的導師團隊談一談，了解哪些知識技能將幫助你達成目標，但是你還缺乏那些東西。當然，這樣的談話要真的管用，你得仔細思考職涯希望朝哪裡發展，第9章會再詳談這個主題。

　　獲得額外知識的方法，一般是靠自己。在許多商業雜誌的網站上，都有持續刊登文章的部落格，主題是探索新型的工作思維。無數的YouTube影片，教大家五花八門的技能，從試算表到寫程式，無所不包。談論職場的播客節目，也提供有趣的學習材料。此外，市面上的眾多書籍，例如你正在看的這一本，也能激發你對工作技能的新想法。

　　相關的資訊來源，通常可以在工作空檔輕鬆取得。每天通勤或出差時，播客與有聲書是很好的旅伴。在工作的休息空檔，或是當你需要轉換一下步調時，隨手一點，就能觀看影片與部落格。你也可以在家中伸手可及的地方放幾本書，時間多一點的時候就看。重點是：你要養成學習新事物的習慣。

　　網路並未讓較正規的訓練過時，有的東西很難自學。我研究所的導師道格・梅丁（Doug Medin）建議，如果是無法光靠閱讀一本書就能學會的技能，課堂作業特別要好好做。以我的領域來說，那包括了統計分析、

質性研究方法與電腦程式設計。學習那些技能的最佳方法，將是參與架構完整的課程，一一帶你看核心概念，由授課者引導你完成作業與打分數。

許多方法都能讓你找到學習新技能的課程。前文提過，許多組織都提供內訓機會，有的定期提供機會給每一位員工，其他的則是需要你主動參加。如果公司有內部網站固定列出訓練課程，那就定期上去看看有沒有能夠增進你的能力的課程。參加訓練課程，工作有可能得請個一兩天假，但對未來有很大的益處。

舉例來說，USAA金融服務公司提供了很好的課程計畫，該公司專門服務現役與退伍軍人及家屬，致力於創新。USAA與德州大學的「創新創意資本中心」（IC² Institute）合作，成立「創新者認證班」。課程學員接受一學期的訓練，在課程中發想新點子、加以評估，然後測試市場的有效性。結訓者可以在公司各部門激發新的點子。

了解一下你們公司的情形，看看是否鼓勵同仁參加由外部組織提供的專業訓練。許多大學與各大團體定期提供職場技能研討班，活動通常為期一、兩天，有的在一段期間內參與數次活動，就能取得關鍵職場技能證書。即便你得自掏腰包，也很值得考慮。

梅爾替某大型顧問公司主持訓練活動，她說公司

每年贊助每位員工5,000美元學費，可以參與外面的課程，但很少人動用。不錯過相關機會的方法，就是推薦地方上舉辦研討課程的組織。在每個會計年度，提早確認開課的時間資訊，趁重大計畫冒出來之前，把課程放進你的行事曆。相較於「看看什麼時候比較不忙再說吧！」，提前把上課的事規劃在行事曆上，你更可能按照計畫受訓。

你也可以考慮是否在工作之餘，取得高等教育的學歷。碩士甚至博士學位，有可能幫助你進入職涯的下一階段。完成高等學位課程很耗時，可能也很昂貴，但如果能夠因此以新方式追求事業，你很可能會脫胎換骨，從事不同的工作。

你在職涯中要趁早做的一件事，就是研究擁有你心目中夢幻工作的人士，了解他們的教育背景。如果他們很多人都擁有高等學歷，好好想想你是否可能也拿到學位。你不一定需要拿到和他們一樣的學位，但如果知道自己未來必定得進修，你會比較有動力趁早做好規劃。

既然談到拿學位，我要推薦一下父母可以考慮在職進修。我替在職人士主持過六年的碩士課程，自己也有小孩，我懂又要工作、又要兼顧家庭生活，實在沒有三頭六臂不行。然而，孩子在成長過程中，會觀察你做的事，想像自己的未來。身教的力量，遠遠勝過言教，

孩子看見爸媽努力拿到高等學歷，就會明白教育的重要性。你可能會考慮到，要是投資自己的教育，好好和孩子相處的時間就會減少，但花一兩個小時和孩子一起做作業，一直都是最好的親子時光。

重點回顧

你的大腦

動機腦

- 「認知需求」這項特質，反映出你有多喜歡學東西。
- 「盡責性」這項特質，反映出你希望有始有終的程度。

社會腦

- 你學到的東西，很多來自身邊的人。
- 觀察其他人的行動與他們的熱忱，跟著感染那股活力。

認知腦

- 「因果性知識」讓人有辦法用新方法解決新問題，具備環環相扣的層次結構。
- 「後設認知」是指有辦法反省自己的思考。你知道自己知道某件事，可能是因為明確記得，也可能只是感覺自己知道。
- 「鄧寧—克魯格效應」是指最沒有能力的人，最不可能意識到自己究竟懂得多少。

- 人會出現「解釋深度的錯覺」，也就是
  自認為明白原理，其實不然。

小訣竅

- 別害怕承認自己不知道的事。
- 勇於坦承自己犯錯。
- 我們自認為知道的事夠多了，但其實還
  有得學呢。
- 「通才」是創新的寶貴資產。
- 仔細想好你希望誰加入你的導師團隊，
  請他們幫忙。
- 當別人的導師有很大的價值。
- 學著在工作時，同時用腦也用心。
- 找機會進修，包括正式與非正式的學習。

6

有聲、無聲，
在不同模式下，有效溝通

　　人類和地球上其他物種不同的地方，在於我們有能力以各種方式溝通。大部分的動物會和同物種的同伴溝通，有時對象還包括潛在的掠食者與獵物。牠們有辦法吸引伴侶、警告潛在敵人或示警，溝通方式包括發出聲音、動作，甚至是留下化學路徑。

　　動物的世界五花八門，但人類擁有複雜的語言，因此能夠隨著資訊環境的變化創造新詞，命名事物、動作與概念。隱喻與類推是人類的強項，我們因此得以延伸字詞的意義，涵蓋新的情境。人類還發展出與彼此溝通的各種技術，即使並未處於相同的時間與地點也沒關係，例如：本書就讓我能夠以跨時空的方式，把知識分享給大家。

　　語言是人類天性的核心，我們光是生長在某個文

化裡，就能夠學會母語。周遭環境如果說好幾種語言，我們全部都會學起來，在不同情境下使用。儘管語言對我們做的每一件事來說都很重要，並非人人都是溝通高手，有的人更擅長明確傳達資訊，或是用語更能夠激勵人心。

想在職場上成功，你得擅長以各種形式分享資訊的技巧，包括電子郵件、簡訊、寫作、演講等。本章將探索溝通的關鍵面向，介紹如何找出自己的弱點，強化溝通能力。

溝通的意涵

人類有辦法彼此溝通，源自一小群講相同語言的母語者，每天以即時的方式對話，漸漸得以明白彼此的意思。心理語言學家赫伯・克拉克（Herb Clark）指出，離此一理想情境愈遠，就愈難有效溝通。

世界各地的人，從小講不同的語言，但科技進步讓我們得以和全球通訊。你可能人在千里之外，見不到對話的另一方。你可能藉由書寫，穿越時間溝通 —— 此時對話的同伴聽不見你說話的聲音，或是無法立刻回應你說的話。科技進步打破了一切的藩籬；然而，與理想溝通情境離得愈遠，溝通不良的可能性就會變大。

理想的溝通形式能順暢運作，是因為那種形式促進

了說話者與聽話者之間的協調。你可能以為，溝通的原理是說話者腦中有一個概念，用句子的形式說出口。聽話者分析句子，轉成說話者原先想傳達的概念，再表達出自己的訊息，發送回說話者那邊。

從抽象層次來說，前述的過程聽起來很合理，我們讀到小說裡的對話，談話的確是那樣進行的，但真實的對話遠遠更為複雜。別的不說，負責聽的人，其實也會積極參與對話。下次你處於對話情境，其他人正在說話時，你可以留意一下。舉例來說，如果你看著說話者，你傳達的是：你認真聽對方講話；而點頭代表你明白了，整體而言同意對方說的話；如果你突然有話要說，你或許會改變姿勢，暗示接下來輪到你開口。

說話者通常很容易受到聽話者做的事影響。如果你講話講到一半，談話對象突然看起來很困惑或生氣，你會停下來，找出問題所在，試著以最快速度化解誤會，好讓對話順利進行下去。

此外，你會怎麼講話，涉及你和談話夥伴分享的許多知識。一般而言，你說話會符合「新舊原則」（given-new convention），意思是你會提及某件你假設聽話者可以懂的事，接著提供新資訊，增加對方的知識，例如：如果你講出「羅爾現在是行銷團隊的經理」，代表你假設對話夥伴知道羅爾是誰，但還不知道羅爾升官了。如

果你誤估對話夥伴的知識，大概會讓人一頭霧水，提及他們不知道的事，或是令人呵欠連連，提供他們早就知道的資訊。

語言另一個要考慮的面向，在於我們不會每一件事都明講。我們經常使用許多約定俗成的講法，例如要人替你做事最直接的方法，就是下命令：「這些東西給我拿去印一印。」（Make these copies for me.）然而，在美國的英語母語者耳中，這句話口氣太差，所以我們通常會用問句來取代要求：「可以麻煩你幫我印一下這些東西嗎？」（Would you make these copies for me?）這句話的意圖依舊是要人做事，但你預期對方不會拒絕。你以間接方式提出請求，表達出你明白對方其實可以選擇要不要做。

有太多事都可能造成對話失敗，前述只是略舉一例。本章將探索幾個常見的溝通問題，帶大家看看如何避免。

不同模式下的有效溝通

本章會簡短介紹一下溝通，最重要的一點或許是，在今日的工作環境，我們愈來愈不常身處於「理想」的溝通形式。由於種種原因，我們的面對面溝通大多被取代，改成用電子郵件、簡訊、即時通訊溝通，中間穿插著打電話和視訊會議。我們依舊會和人小聊個幾句，或

是開小組會議，但面對面不再是最常見的資訊傳遞方式。

擅長溝通的第一件事，就是了解你使用的溝通模式有局限，盡量減少潛在的問題。仔細思考相關限制後，你將會改變策略，減少採取某幾種溝通模式，改用其他方式，或者至少在某些情況下換個方式。下列先討論文字類型的溝通，接著談電話和視訊會議，例如：Skype，後續再談開會。

文字溝通

在許多組織，你擁有數種文字類型的通訊選項。你大概每天都會接到大量的電子郵件，有的收信對象是你，有的是群組討論，有的是寄給一大堆人的備忘錄和電子報（垃圾信件）。此外，你的手機有簡訊功能，或是你負責監看與使用的裝置上，裝有即時通訊軟體。你可能還參與了社群網路、留言網站或app，上頭有很多等人評論的文章與討論串。

太常靠文字通訊，會出現三種類型的溝通問題。第一，電子郵件可能沒辦法把事情講得很清楚，造成溝通不良。第二，以文字形式一來一往確認，花的時間可能比見面談還多。第三，表達真正的語氣可能不容易，因此更難維持關係。此外，電子郵件與立即訊息會造成分心，第7章會再回頭談論這個問題。

文字的另一個問題，在於你可能誤判你與他人分享的知識，用了對方不熟悉的詞彙或術語。別人有可能不曉得你究竟在說什麼，結果造成烏龍事件。拉傑告訴我，有一次同事寄信請他看「這次的報告」，有錯的話幫忙改正。好巧不巧，拉傑以為的報告，其實不是同事請他看的報告，因此拉傑忙了一個早上，結果同事一點都不領情。

你可能會想，拉傑不是應該一開始就先問清楚，確認自己到底要看哪份報告？但當時他覺得同事講的一定就是某一份。此外，即便拉傑事先確認，寄信可能把整件事的時間拖得很長，因為拉傑人在印度，同事人在紐約，因此拉傑沒花時間等同事確認，就直接先做了。

如果是面對面溝通，我們通常會一來一往，找出對方想說的意思，例如下列這個稀鬆平常的對話片段。

A：Sydney 有消息了沒？

B：你說行銷部的 Sydney？

A：不是，我是說我們公司在澳洲的辦事處。

B：喔，還沒。正在等他們今天晚上寄信過來。

就這樣幾秒鐘的時間，有歧義的字詞就被釐清（Sydney 可以是人名或澳洲城市「雪梨」），疑問獲得解答。這場對話可能在一天之中，只占去一個人 10 秒左右

的時間，除非是靠電子郵件確認，在寄信後與得到回信中間可能相隔幾小時。此外，如果是一連串來來去去的回覆，處理時間可能變長，因為你還得回頭閱讀先前的討論內容。

許多辦公室已經養成習慣，靠文字和大部分的同仁溝通。表面上這麼做比較簡單，因為你不必打斷同仁正在做的事，同事可以等方便的時候再收信或回覆訊息。然而，實際上那相當浪費時間，尤其是一些簡單要求，可能需要來來回回好幾次才能夠解決。

增加效率的方式是：小事乾脆親自問，或是打通電話。我們已經不習慣在同事身旁探頭探腦，或是站起來閒聊一下，但要是能夠當面講一下話，能夠省下的時間將會相當驚人。此外，你將在同事心中建立信譽，當你說只需要借一分鐘時間，你是真的只講一分鐘，同事會更願意快速和你聊一聊，或是通個電話。

多一點口頭對話，少一點文字互動，可以確認正確的語氣。史黛西告訴我，她最近剛開始遠距工作，主管告訴她，辦公室的人抱怨她為了推動案子所提出的要求。史黛西嚇了一跳，因為她在先前的工作，不曾與同事起過摩擦。她因此發現問題有很大一部分，出在她與辦公室的其他人互動時，如今大多是靠電子郵件。

史黛西碰上的問題很常見，如果你是當面請別人

幫你影印東西，你可以透過詢問的方式，利用語氣和臉上的表情，表達出你有多感激。如果是透過文字要求，你也可以選擇客氣的措辭，但此時少了語氣和面部表情（就算加了表情符號也一樣），因此簡單的「請幫我影印」一句話，在電子郵件中，聽起來會像是在命令人，久而久之，人們就會覺得你跋扈或難相處。

整體而言，花一點時間和同事相處有其價值，即便你們主要還是透過文字互動。面對面的時間能夠讓人更了解你，更偏向以正面的方式解讀你說的話。相較於陌生人，你的社會腦更知道如何對認識的人做出回應，也因此和同事培養關係，將能彌補靠文字溝通產生的誤會。認識你的人，在讀你寫的東西時，會「聽見」你的聲音。

遠距溝通

科技還能輔助遠距的即時通訊，電話顯然能讓你和並未同處一室的人講話，Skype、Google Hangouts、Zoom 等視訊軟體，更是同時支援視訊與音訊。

相關的通訊模式，提供了純文字未能提供的大量資訊。你可以聽見其他人說話時的語氣，獲知對方感興趣或興奮的訊息。例如，比較一下下列兩段對話的區別。

Ａ：要不要加入招募委員會？

Ｂ：好。

Ａ：要不要加入招募委員會？

Ｂ：〔停頓很久以後〕好。

即便語氣是一樣的，中間的停頓讓人得知Ｂ不確定該不該加入。

在視訊會議工具的輔助下，你看得見對話的人，臉部表情可以傳達出感興趣、諷刺、挖苦或無聊。此外，視訊也讓大家共享一個環境，人們分享電腦螢幕或投影片時，有辦法把討論定錨在對話的每一方都看得見的物體上，游標能夠讓對話者指著環境裡的東西──「這個」或「這裡」。

最困難的遠距溝通是聚集一小群人的情境，例如：電話會議。大家聚在一個實體環境中的對話，是一支井然有序的共舞，當某個人說話時，其他人看著他。團體中其他人想發言時，通常會先製造出一點動靜，暗示自己想要講話。原本在說話的人看向這個人，把發言時間讓出去。此外，大家齊聚一堂時，很容易就能看出誰心不在焉，給那個人機會加入對話。

相較之下，電話與視訊會議則比較難暗示對話順序，無法悄悄用肢體語言暗示自己想發言，也很難示意

要把發言權讓給誰，也因此一個人在講完話之後，很容易出現尷尬的沉默，或是同時好幾個人開口說話。沒專心參與眾人對話的人，很容易會消失在背景裡 —— 電話會議因為缺乏視覺線索，特別容易發生這種情形。

你主持電話會議或視訊會議時，記得要努力讓對話順利進行。好幾個人開始發言後，追蹤講話的次數，在討論得太深入之前，讓所有人都有機會發言。手邊備好完整的出席名單，請沒有講到太多話的人說出意見。主持電話會議或視訊會議，不像大家身處同一個空間的團體對話，你得更刻意追蹤誰已經發過言，也要更留意會議的互動氣氛。大家在齊聚一堂時自然就能夠做到的事，用電話或視訊會議得多費一點功夫。

開會

開會是工作生活最常見的元素，也是大家最怨聲載道的事。我們會為了許多目的聚在一起，例如：發想新點子、分享計畫、解決問題、協調專案、達成共識等。會議理論上能以具備生產力的方式完成工作，但很多時候卻不是那麼一回事。問題出在：一、會議通常由少數幾個人主導發言；二、沒人說破真正的關鍵；三、會議的安排通常沒有明確目標，缺乏特別把大家找來的原因。

占據大量發言時間的人

帕列托法則（Pareto principle）指出，任何結果的八成，通常來自僅兩成的可能原因。此一「八二法則」特別適合套用在會議上：八成的發言，似乎永遠出自兩成的出席者。

由少數人主導發言的原因有幾點：不是每一位與會者的專業知識（認知腦），一定全面到可以針對所有主題發言，也因此有的人只聽別人講，不主動開口。

此外，具備兩種性格特質（動機腦）的人會積極投入會議，第一種是「外向性」（extraversion，五大性格之一）。「外向性」反映出一個人多熱愛在社交情境中，成為注意力的焦點。外向者在會議中，享受交換意見的人際互動，比內向者更可能發言。第二種性格特質則是「自戀」（narcissism），自戀者自認高人一等，身邊的人理應重視他們講的話。自戀者會在會議上搶先發言，經常發表高論，但通常聽不進別人的講話內容，尤其是看法與他們不同的人。

你的社會腦，可以幫助你學習良好的會議行為，只要留意其他人在會議上做些什麼，你就會知道該如何發言了。此外，你在發言時，要留意他人的反應，就會知道發生了什麼事。人們如果看起來認真聆聽，你大概說

出了有用的發言，但沒有過長。如果人們轉移視線，交頭接耳，你大概講太久了。如果你有話要說，說出來很重要（下一節會再談到這點），但要自制，發言頻率不要超過其他人。如果你覺得自己有可能占據太多時間，你可以試試看錄下會議（當然，要先徵得其他與會者的同意），然後在會後聽自己發言的部分。你是否做到沒離題？是否讓對話有進展？是否維持簡潔的說話風格？

一開口就句句都是重點並不容易，但這是值得學習的寶貴能力，因為「金句」好記，在場的人會順著你的話繼續討論下去。講話精煉，不代表要過分簡化主題，但應該簡潔提出你的主要論點。事先研究議程表，思考關鍵主題，開會前先寫下想法，看看能否以更好懂的話來進行討論。

人們在會議上講話又臭又長，關鍵原因是他們有事想講，但又不是很懂得該如何表達，因此開始發言後，一直在兜圈子，直到找出該如何措辭。開會時，通常當下就得回應，立刻擠出話表達意見。平日多練習，設法以簡潔有力的方式，說出自己腦中想的事，臨場發揮的能力就會愈強。

留意自己在一場會議中發言多少時間，如果每回超過一分鐘，你大概講得太長了。如果你連續講了好幾分鐘，八成一口氣提到好幾件事，若你希望別人回應你提

出的事，一次提一、兩個議題就好，否則你講的話，人們八成聽過就忘。此外，如果你給人的印象是在開會時說個沒完，人們會乾脆閉上耳朵，你將很難發揮影響力。

最後要提醒的是，會議上的「應聲蟲」同樣令人翻白眼：某人提到了一項重點，接著好幾個人紛紛發言，講了基本上一模一樣的事，只是「換句話說」。在會議發言前，請先問自己，是不是要講還沒提過的事？如果有人提出逆耳忠言，你心有同感，的確應該幫忙附議，但那是一兩句話就能解決的事，記得要忍住，千萬不要滔滔不絕，只是講前面的人說過的話。此外，要特別小心一件事，不要重複別人提過的事，卻沒有說剛剛是誰第一個提出的。有一種常見的情況是：小咖點出關鍵，大咖不過是重複一遍，功勞最後卻歸給大咖。

會議要有效溝通，就是避免一個人占據大部分的發言時間。如果由你主持會議，即便現場有一個以上喜歡滔滔不絕的人，你還是得設法推動當日議程。在接下來幾段中，會談論有效主持會議的策略，教大家如何不讓一兩個人搶走所有的發言時間。

爵士腦：
無聲也是一種聲

爵士樂手很享受輪流獨奏，剛開始有獨奏機會時，會很想趁機炫技，但偉大的小號手邁爾斯·戴維斯（Miles Davis）說過：「有時無聲勝有聲。」

　　同理，在公開場合或會議上發言時，如果一時之間不知道要說什麼，很容易就會開始說出贅字，靠「嗯……」來填補停頓，或者在講完一句話後會說：「你們知道的。」這類詞語，有可能是不小心脫口而出的，但是聽眾聽多了，很快就會不耐煩。

　　如果你注意到自己有這種問題，或是旁人提醒你，你可以練習用留白來代替那些嗯嗯啊啊。方法很簡單，你可以在對話與會議中，放慢說話速度。講話很快時，你很難控制自己說些什麼。慢下來以後，你就會聽見自己發出那些填補沉默的無意義詞語。此外，你放慢講話速度以後，訊息通常能夠傳達得更清楚，別人更容易聽懂你所說的每一件事。

沒說出口的話

幾年前，我替一間大公司提供諮詢服務，旁聽一場兩小時的會議。組織領導人負責主持討論，談一項正在成形的新計畫。許多人輪流發言，溫和提出一些提案可以修改的地方。大家散會時，我走在兩名中階經理人的後頭，兩人交頭接耳，點出幾個計畫有問題的地方，其中有幾項的確值得深入考慮和討論，但不幸的是，完全沒人在會議上提出那些事，如果剛才提了，可能會影響提案的通盤考量。

組織在研擬新做法時，方案好不好，得靠員工的集體知識。開會的目的就是運用那個集體知識，但人們會因為各種障礙，不敢開口分享自己知道的事。

有的組織容不下反對意見，不論他們聲稱有多麼歡迎不同的聲音。雷娜替輔助公立學校學生的非營利組織工作，該組織贊助者眾多，具備宏大的使命，不過也和其他組織一樣，旗下有些計畫運作順利，有些則是需要改善。領導階層大力宣傳組織表現優秀的地方，號稱鼓勵員工提供改善計畫的建言，只可惜雷娜多次提出建議之後，組織不曾採取過任何行動，於是她不再出聲了，最終跳槽到比較願意採納建言的組織。

管理階層是否真的想聽取讓組織變好的建議，要從

他們的「行為」判斷。等你哪天「在其位了」，一定要認真聽取人們的建言，還要讓他們知道公司是否採取任何行動。

如果你希望人們針對新點子，提出真正具有建設性的評論，一定得在開會之前，先讓大家有時間想想他們關切的重點。你可以事先給大家看提案，鼓勵大家提供意見，甚至提供匿名方案，不指出哪些意見是誰提出的，因為有的人會擔心自己被當成愛唱反調的。

你自己也要設法針對提案提出具有建設性的建議。你剛開始任職於某個組織時，可能不敢在會議上提出看法。如果你有這種感覺，那就和你信任的同事或上司討論你的想法，請他們建議該如何提出意見，才最符合公司文化，讓自己在團體會議與一對一的會面時，都能夠安心發言。

倒過來設計會議流程

一場會議能否成功，會議架構是關鍵。你剛踏入職場時，可能沒有太多機會主導會議，此時是運用社會腦的好時機，好好觀察你敬佩的人士如何設計他們主持的會議。本節將提供幾項建議，讓你主持的會議發揮最大價值。

安排會議時，最重要的是採取教育人士所說的「逆向設計」（backward design）。你替別人安排體驗時，不

論是課程、演講或會議,先想想最終目標。你想達成什麼?你希望體驗結束時,參加者和參加前相比,有哪裡不同?接著,把所有的力氣,放在達成那些目標。

首先,你要決定哪些人該參與會議 —— 與會者的專長必須要能夠解決一定得處理的任何問題。此外,你需要邀請負責批准開會結果的相關人士,所以你得找出會議即將討論的內容和誰有關,知道必須要讓哪些人士得知進展。

仔細想想,哪些人「沒必要」出席。與會的人數愈多,互動的方式就會大幅改變。只有三個人一起合作時,每個人都會全心投入。隨著人數增加,有的人更容易消失在背景裡。等到有十個人一起開會,八成會有好幾個人沒有發言。如果是二十人以上,會議大概就會變成好幾場小簡報,不會是充分互動的討論。

下一步是安排明確的議程表,重點擺在協助達成目標的討論與活動。你要制定可行的時間表,一定要掌握開會進度,完成議程表上的事項。開會很常見的情形是,頭幾個事項花了很多時間討論,剩下的就匆匆帶過。

我曾經參與召集大學所有系所的大型委員會,那個委員會召開的會議,最高階的行政主管都會出席。集合了那麼多專業人士的會議,無疑是解決學校重要問題的好時機,在每次的議程表上,也的確放了重要事項。

然而，每次會議的開法，通常是先唸好幾份書面報告的摘要，常常到了只剩下幾分鐘就要散會，才開始討論重要主題。如果能夠改成先討論每次的主題，把報告放在下半場，效率就會好很多。剩下的時間如果不夠朗讀摘要，與會者可以事後自己讀。這個委員會近日果然開始先把報告寄給大家，除非是運用完現場專家的長才，討論結束後還有時間，要不然就會跳過原本朗讀資料的環節。

會議開始前，先發下希望大家閱讀的所有文件，事先提醒個一兩次，一定要先看過資料，討論起來才有效率。天底下最浪費開會時間的事，就是為了一兩個沒做功課的與會者，還要大致解釋過一次文件內容。

主持會議時，小心不要占據發言台。開場可以簡單講幾句話，但馬上就要進入重要的議程事項，讓每個人都能夠講到話。如果你知道當天有很容易講太久的與會者，你要想辦法讓每個人輪流發言。你可以請大家依序發言，每個人都有機會開口，或是事先請某幾個人準備好要說的話。

最後一點是，會議結束後，寄給所有相關人士當天的會議摘要，並且強調大家決定好要執行的關鍵事項。萬一每個人記得的開會結論不一樣，這份摘要的用處就特別大。歡迎大家對你的摘要提出看法，指出你漏掉的事項。記得要協助與會者轉一轉他們的動機腦，如果接

下來會由某個人負責後續的工作，那就在會後立刻寄提醒事項給他們，寫上詳細的指示與必須完成的日期。

如果人人都知道由你主持的會議非常有效率，你將獲得賞識，有更多機會接手有趣的專案。

三種常見的困難對話

即便是再厲害的溝通者，有些話很難啟齒。舉例來說，第5章提過，你得先承認自己的無知，才有辦法學習新知。然而，你有可能開不了口，不想讓別人知道自己的知識與能力不足的地方，尤其是如果你患有冒牌者症候群的話。

一般而言，不好開口的困難對話，主要有三種情境：第一種是你不得不透露不想讓人知道的事；第二種是傳達壞消息；第三種是解決你與他人的利益衝突。你會需要練習，才有辦法掌握這一類的對話。

在這三種情境中，第一種最直接了當，原則很簡單，就是「坦白從寬，抗拒從嚴。」這種事要快刀斬亂麻，愈快說出口愈好。

比方說，你在工作上出錯，那就快點自首，設法解決問題。成功的工作關係建立在信任上，你可能以為坦承錯誤會破壞那份信任感，但第5章提過，相較於隱瞞錯誤，快點說出來，主管反而更能夠信任你。愈快認錯

並解決，錯誤帶來的傷害就愈小。

話雖然是這麼說，坦承錯誤依舊是不簡單的事。你大概會很尷尬，你告知的對象也可能大發雷霆，你的工作甚至可能陷入麻煩（不過，第8章會提到，健全的組織不處罰錯誤），但從長遠的角度來看，相較於知情不報，如果能夠承認錯誤、改善自己，八成能學到更多東西，公司也能更快把重要工作交給你。

第二種困難對話是傳達壞消息，你得告知人們不會想聽到的事，因此不論你再怎麼委婉，對方都不會太喜歡你。五大人格特質中的「親和性」（agreeableness），反映出你有多想討人喜歡。「親和性」愈高，就愈難傳達壞消息。就算你不是一個性格喜歡討好別人的人，說出壞消息大概也會令你難受。光是想到得告知，就會裹足不前。終於鼓起勇氣開口時，大概也很難直接說出口。

你可以盡量以有建設性的方式傳達壞消息。主管薩爾負責帶好幾名直屬部屬，某個在他那任職一年的員工，工作表現不如預期，薩爾不得不告知得讓她留職查看。薩爾一開始就先告訴部屬，他有壞消息要說，接著解釋她未能達標的地方，說出為什麼他得做出留職查看的處分，解釋那究竟是什麼意思。接下來，薩爾指出，這個壞消息其實是一個機會，重申公司絕對認為她是可造之材，當初才會願意雇用她。薩爾解釋，公司有哪些

可以協助她改善績效的資源，有問題都可以找他談。

薩爾明確說出壞消息，也告訴這名員工為什麼她得到負面的工作評價，但關鍵是盡量讓這場對話對雙方有幫助，特別解釋如何能夠往前走，而不是一直數落員工哪裡做得不好。

鷹翔公司（Eagle's Flight）的約翰·萊特（John Wright）告訴我的故事，談到明確傳達訊息，以及具備同理心與建設性的重要性。萊特指出，他學到身為領導者最難的一課，就是提供明確與誠實的反饋，給需要改進的員工。萊特平日明白指出員工哪些地方做得不好，也告知改善的方法，增加他們日後脫胎換骨的可能性。他逼自己講出尷尬、難以啟齒的話，最後換得和員工一起慶祝好表現的喜悅。

另一種相關的壞消息就是，你得拒絕別人的請求。德州大學的資深副院長馬克·穆希克（Marc Musick），某次在一群未來的領導者面前演講，談他如何處理拒絕系所的請求。穆希克向來把這一類的拒絕，視為解決問題的環節，他讓提出請求的人士知道，自己無法如他們所願，但提出其他有助於達成目標的方法，願意和他們一起努力，執行那些選項。

你必須告知的壞消息，有時涉及某個人違反政策或需要糾正。露西的一名部屬平日破壞團隊士氣，每次一

有事情出錯，就會憤怒地大吼大叫。露西和這名員工坐下來好好談一談，她採取的第一個步驟，就是先指出這名員工做了哪些同事都可以作證的事，談他亂發脾氣造成的影響。

談論對方的行為，很容易變成指控他們的動機，此時對方會開始替自己辯護，認為自己會做那些事，原因才不是你講的那樣。如果能把對話內容限制在「發生了什麼事」與「其他人的反應」，將能夠避免發生此類情形。你可以請對方談談為什麼那樣做，接著討論未來再碰上類似的事，可以如何用不同方式處理。

露西讓員工說出，他對哪些情形感到沮喪，接著兩個人一起想出辦法：下次他覺得無法與同事好好互動時，可以出去走一走。在散步的過程中，他可以思考如何溝通，等回到共同的工作空間後，要如何與同事合作。

最困難的對話是利益衝突的時刻，雙方得不到想要的東西時，將得靠一定程度的磋商或其他方法來解決爭議。

解決利益衝突時，將得用上第4章介紹的談工作條件的技巧。衝突很嚴重時，第一件事就是盡量先了解另一方想要什麼，理解對方為什麼想要那樣東西。接下來，與其爭辯應該滿足誰的要求，不如把對話當成解決問題的機會。是否有沒有想到的資源，換一條路走，就能讓你們其中一方或雙方都如願以償？是否有可能以某

種方法折中，例如雙方都在搶的時候，這次先讓給其中一方，下一次再換另一方？

這種方法特別適合用來解決與同事的衝突。你和同事總有利益不一致的時候，應該設法一起合作，重點是以組織為重。長遠來講，最成功的人，也最擅長在資源有限時，想出有創意的解方。

如果你和同事的衝突很棘手，可以考慮找中立的第三方調解。即便你在協商過程中，採取「解決問題才重要」的心態，另一方可能很難信任你。如果碰上這種情況，那就再找一個人，和你們雙方一起找出解決之道，有的公司甚至特別請專人調解糾紛。

職場溝通不良的主因

「員工向心力調查」已經成為評估組織健康度的常見做法，相關調查探索工作環境的眾多面向，包括薪資、工作職責滿意度、對管理團隊的滿意度、組織的溝通成效等。

組織出問題的一大徵兆，就是員工把溝通項目打了低分。組織很自然的反應，就是試圖改善和員工溝通的方式，常見做法就是開始發電子報，多寄群組信，提醒大家公司有哪些新計畫。雖然相關改變的出發點，都是誠心想要改善問題，但通常無法從根本上解決問題，因

為溝通頻率或內容清楚的程度，其實不是員工在問卷上打低分的主因。

當人們抱怨溝通不良時，真正的意思是：沒有在特定的時刻，獲得需要或想要的資訊。組織的溝通頻率不夠高或不夠明確時，的確有可能溝通不良，但人們的抱怨通常反映的是其他問題，例如：組織在下決策的過程中，沒有徵詢員工的意見，高層自己關起門來就決定了，或是組織對於某某員工該扮演什麼角色意見分歧，也因此無從得知彼此究竟需要哪些資訊。

幾年前，我和某個學術團體合作，許多職員抱怨管理階層的溝通有問題。深談了幾次之後，A指出自己的職責範圍很模糊，通常不確定該接手哪些工作，哪些又該交給別人。A希望上司能夠明講，究竟哪些工作該由她負責，但上司卻覺得沒有問題啊，A清楚自己有哪些職責。最根本的問題，也因此不在溝通，而在於組織的架構和權責分配不明確。

所以，實務上來說，抱怨溝通有問題，其實反映出人們感覺自己應該知道某項資訊，卻沒有人告訴他們。需要進一步調查，才能夠判斷他們為何得不到資訊。先從明確的例子開始，找出為什麼某個人沒有取得必要資訊，接著研究公司平日是如何傳達資訊的，才能評估究竟要怎麼做，才能有效解決問題。

重點回顧

你的大腦

動機腦

- 「外向性」反映出你有多熱愛在社交情境中，成為萬眾矚目的焦點。
- 「自戀」反映出你自認為比他人優秀。
- 「親和性」反映出你有多想討人喜歡。

社會腦

- 溝通是人與人之間的協調；說話者與聽話者積極參與對話。
- 我們通常為了禮貌，講話不會太直。
- 和一群人在共同空間裡交談時，我們會利用許多非口頭的線索，判斷下一個換誰說話。虛擬會議很難做到這點。

認知腦

- 人數少的幾個人能夠看見彼此、即時交談時，溝通效果最好。離這種理想情境愈遠，就愈容易出現誤會。
- 共有知識是指說話者彼此都知道的事。

小訣竅

- 文字類的溝通，需要有能力評估他人知道的事。
- 文字類的溝通一般很容易浪費時間，因為一問一答之間隔著一段時間。
- 用文字溝通過多的要求，可能會讓你顯得頤指氣使。
- 電話只能傳達語氣，視訊則能夠看見臉部表情，但兩者都不方便進行團體討論或會議。
- 小心不要在開會時占用太多發言時間。
- 留意你在會議上發言時，其他人有哪些反應。
- 安排會議時，記得要「逆向設計」。
- 學習開口承認你犯了錯。
- 不要逃避工作上的困難對話，擬定策略開口說清楚。
- 當你不得不拒絕某項請求時，設法提供其他出路。
- 抱怨公司溝通有問題時，通常真正的問題是無法取得資訊。

7
突破生產力障礙，
高效產出

　　你能否錄取或升職，看的是你替組織帶來貢獻的可能性。當個成功的工作人的意思，則是實現那個可能性，真正做出績效。

　　典型的績效評估，會列出你負責的工作或目標，然後評估者判斷你是否符合期待，達成目標。最大的讚美，將出現在你超出期待時：你的優秀程度超過上級預期，還激勵了身邊每一個人增加效率。

　　超出期待的方法，就是朝大方向思考，找出成功在你心中的意義，然後持續不斷地朝目標前進。本章首先探討你在定義成功時，有哪些共通議題，接著談你在發揮生產力時會碰上的阻礙，提供數種克服的方法。

留意系統性失效：
走舊路，到不了新地方

克雷格‧溫內特（Craig Wynett）是我這輩子認識過最有生產力的人之一，他多年擔任寶僑的學習長，博覽群書，深入思考，努力將行為科學帶進跨國大企業。溫內特手邊有數百位專家的名片，隨時可以打電話請教他們如何看某個問題。我和溫內特聊天時，每次問起：「最近如何？」，他總是回答：「有夠懶。」

這個回答令我印象深刻，因為我知道溫內特絕對和「懶惰」沾不上邊。此外，這是個很妙的答案，因為問起近況時，人們的標準回答是「忙死了！」，幾乎我認識的每一個人，全都感到已經工作到極限。早上醒來先是收信，再來是開會、通電話、報告、開更多的會。如果你的生活就跟這些「大忙人」一樣，下班時，你很難很快回想起今天到底忙了些什麼，甚至還得把工作帶回家，因為電子郵件和簡訊將繼續整晚轟炸，在你好幾台連上網路的裝置此起彼落。

你會感到忙碌不堪的主要問題，在於做了很多事純粹是窮忙。已逝的管理學大師彼得‧杜拉克（Peter Drucker）一針見血，指出「苦勞」（achievements）與「功勞」（contributions）不一樣，我們應該把這點牢記在

心。「苦勞」是指你可以在一天中做完就從待辦清單上
劃掉的事，例如：回信、開會或完成某份報告的分析。
「功勞」則是指重要的高階目標，在回顧過去的工作成果
時，你會自豪自己做到的事，例如：談成一筆大生意、
寫了一本書、讓產品上市。

你每天的工作生活（大概）充滿著苦勞，各種待
辦事項塞滿你的時間。然而，你得確保每天忙的事加起
來，將變成有意義的功勞。

大部分的組織每年都會做績效評估，有些公司擅長
讓員工好好想一想，接下來一年要做出哪些貢獻？不論
有沒有人要求你這麼做，至少每年評估一次自己的工作
很重要，你明年非常想要達成什麼目標？完成哪些事，
會令你感到自豪？

此外，也要回顧過去一整年，看看你達成了多少
希望帶來的貢獻。如果你認為自己完成了重要的大事，
那就好好慶祝一下，但也要找出先前的「系統性失效」
（systematic failure）。

你希望建立的功勞，大概有的不曾成真。你可能希
望學到某項新技能、完成某項專案、改變工作政策等。
把你希望達成卻失敗的目標做上記號，提醒自己如果下
一年再以相同方法做事，就會繼續失敗。

理論上，系統性失效將引發兩種反應。你可能發

現，原先希望達成的貢獻，不再是你的優先事項。如果是那樣，可以刪掉清單上的那項目標，不再列入來年的目標。另一種可能是，你判定立下那個功勞真的很重要，此時你應該仔細檢視，哪些事占去你平日的工作時間。你得想辦法在行事曆上，多加一點和達成那項目標有關的努力，要不然你將會再次嚐到失敗的苦果。

同事就像鄰居，記得照顧身邊的人

社會學家艾倫·費斯克（Alan Fiske）精彩分析出幾種主要的人際關係，如同許許多多的學者，費斯克用很長、很精確的名稱來命名，不過最重要的三種關係，口語一點的簡單講法就是「家人」、「鄰居」和「陌生人」。你的社會腦特別留意這幾種人際關係。

「家人」包括生活中最親近的人，你經常見到他們，也定期和他們講話。你們一起吃飯、參加儀式與慶祝活動。由於這類關係很親密，你和家人來往時，通常不會計較。父母照顧孩子，不會列出帳單收取服務費。日子過不大下去的人，家人會想辦法伸出援手。

光譜的另一端是「陌生人」——不是很熟、甚至完全不認識的人。你可能會和陌生人進行一般性的交談，但彼此並未擁有信任的關係。你和陌生人之間的交易會收取服務費，在商店買東西要付錢，你的車子要是在公

路上爆胎，其他車主會停下來幫你，你可能會掏錢感謝對方。就算對方不肯收，給錢也是應該的。欠陌生人的債，當下就會銀貨兩訖，因為不曉得此生會不會再相見，或是你無法確認對方會不會說到做到。

　　介於家人和陌生人之間的是「鄰居」——還算認識的人。你經常和那些人說到話，聊天時也會提到一點自己的事，有時還可能和鄰居一起慶祝。這類的人際關係具備一定程度的信任，也因此你和鄰居來往時，不需要當下就誰也不欠誰。你向鄰居借工具，對方不會跟你收出租費。鄰居如果協助你更換爆胎，你不會靠掏錢表示謝意，但有可能在不久後，也會幫對方一個忙。鄰居之間需要禮尚往來，只想占便宜的人，最終會被踢出社區。

　　理想上，組織的運作，就像是社區的鄰居關係。你預期自己需要幫忙時，同事將伸出援手，而你自己也應該盡力協助同事。*生產力要看人們會不會互相幫忙，你不能只是自掃門前雪，幫同事清理瓦上霜也是應該的。

　　平時要留意組織有哪些關鍵目標，和同事談談他們

---

* 有些組織會致力於建立員工之間的其他關係，相關例子包括軍方需要士兵情同家人。士兵理應為同袍付出性命，而命是無法償還的債。軍事訓練的許多儀式，也因此設計成讓最初的陌生人情同家人。同樣的道理，非營利組織待捐款人如家人，因為非營利組織永遠無從報答捐款大戶。

希望達成的事。如果你把組織和同事的目標，也當成自己的，你的動機腦就會留意助他們一臂之力的機會，即便沒人要求你這麼做。

我大學時代在木材廠打工，週末的重頭戲是把供應給承包商的木材裝上卡車。工廠通常一大早就會開始處理多筆訂單，每個人分配到不同單子，工作就是把上面列的貨備齊，等一下放上車。工廠裡有一個人的做法，不是一張一張處理，會把所有清單看過一遍，如果這趟拿的東西，好幾張訂單上都有，他就會一次全部拿到盤點區，這樣就不必來來回回跑好幾趟。沒多久，大家都學他這麼做。

如果同事開口，大部分的人都會幫忙，但如果要主動維持鄰居關係，除了得考量自己的目標，也得考慮鄰居的福祉。此時，你的動機腦自然會「見機行事」（opportunistic planning，機運性規劃。）當你碰到和自身目標有關的人事物，動機腦會引導認知腦注意到那件事。然而，你碰到可以協助同事的機會時，除非是平常就想著同事的目標，要不然你不會察覺。

當個「好鄰居」，人們將會發現你的正面貢獻與領導潛力。當然，幫助同事的意思，不是把他們的事看得比自己的還重，你也需要在公司做出你的貢獻。光是提醒同事哪裡有機會，就稱得上有同事愛。

如何突破三大生產力障礙？

很可惜，光是知道自己希望做出什麼貢獻，不能保證就能成真。許多因素都會妨礙你達成目標，大多數的生產力障礙，源自你本身工作時的行為，有的則與同事的行為有關。此外，制度因素也會造成壯志未酬。

個人因素：妥善管理你的身心狀態

擁有自知之明很重要，先了解自己，才有辦法以最有效的方式管理自己與工作量。接下來，我們先從你的身體與大腦看起。

身體與大腦

許多人把大腦想成一台電腦。你的電腦不管最近使用多久，開機就能用了。你對待大腦的方式，有可能也像是大腦和身體是分開的，認為自己的確會累，但只要來點咖啡因，就能夠提振精神，撐過一天。然而，身體狀態其實深深影響著你的心智狀態。

你能夠幫助自己提升生產力所做的事，最重要的大概就是好好睡覺。一天需要睡多久？每個人很不一樣，而且八成會隨著不同的人生階段改變。簡單測試一下，就知道自己睡得夠不夠。早上的那幾個小時，不要攝取

任何咖啡因，接著在下午的時候，閱讀困難的讀物。如果你難以專心，昏昏欲睡，代表你睡得不夠。

是否擁有良好的睡眠，會影響大腦的所有層面。動機腦將專注於你試圖達成的目標，你的情緒狀態也會更好，因為睡眠會在一定程度上，重設大腦中與恐懼和焦慮等反應相關的杏仁核。此外，睡眠能讓你的情緒反應，比較不受相同情境的記憶所擾，也因此如果有規律的睡眠，就比較不會因為負面回憶而心情不好。

年紀愈輕，愈容易立即受到睡眠剝奪的影響。二十幾歲時，一個晚上睡不好，隔天就不容易專心，學不好新東西。年紀愈大，睡眠剝奪帶來的負面影響，長期影響多過短期影響。中年睡眠不足，不一定會讓你隔天精神不振，但要是持續睡不好，這點與老年的認知問題有關。

大多數的人靠化學方式，處理沒睡飽的問題，而不是努力多睡一點。你八成每天都攝取一定的咖啡因，就算睡得不夠，咖啡因能讓你保持清醒。然而，研究顯示，睡眠能夠幫助認知腦一把，協助你記住學習內容，咖啡因則沒有這樣的效果。不過，也不是完全沒救了，小睡一下會比咖啡因更能幫助你學習，還能重新恢復其他的大腦功能。

此外，有氧運動也能改善生產力。針對兒童、年輕人、中老年人的各式研究都顯示，規律運動（每天至少

30分鐘），能夠改善認知腦的注意力與記憶力等面向，有益於整體的大腦健康。運動尤其能確保當年齡增長時，大腦能夠保持健康，讓你一輩子都充滿生產力。

理想的投入程度

一般來講，你希望每天完成的事愈多愈好，但你可能感覺清單上要做的事沒完沒了。你該做的第一件事，就是控制你真正需要完成的事務數量，擬定待辦事項或待辦清單，不要忙著完成瑣事，卻忘掉重要任務。接下來，就是挪出時間，真正去做。

不要仰賴認知腦追蹤所有需要做的事，人們會發明書寫是有原因的。人類的記憶擅長想起與當下有關的事，你看到同事時，會想起先前和同事有過的對話，想起你答應他們要做什麼。然而，如果是要追蹤五花八門的事，你的記憶力就沒那麼厲害了。如果是經常需要修改的清單，更是無法仰賴記憶了。此外，你不會有那麼多時間，仔細研究行事曆上的每一件事，最好還是把事情全部記在同一個地方。

擬定待辦清單的策略包括：一、評估每件事需要花多長的時間。接下來，如果多出15分鐘的空檔，可以趁機解決一件小事，而不是被吸進堆積如山的信件黑洞。二、每日檢視清單，重新調整優先順序。有些事被排在

最後，原因是你當初寫下它們時，離截止日期還有很久 —— 但不要忘了，死線總是悄悄來臨。

你應該要同時有行事曆，也有待辦清單。事業剛起步時，你可能覺得沒必要分成兩種，因為你還沒有太多要開會的行程。然而，行事曆上要做的事，將會慢慢地愈變愈多，你還沒有釐清自己有多少時間被占住時，已經沒機會好好列待辦清單了。

你需要行事曆的關鍵原因是預留時間，用那些時間來做與你的長期目標有關的準備。此外，你可以把交期還很遠的事項寫上行事曆，選好一個日期，讓自己可以用不慌不忙的步調準時完成。

多少時間是完成一件事的合理時間？請容我用「耶基斯—多德森曲線」（Yerkes-Dodson curve）來回答，這是心理學家羅伯特・耶基斯（Robert Yerkes）與約翰・多德森（John Dodson）在1908年提出的概念。研究動機腦的心理學者向來知道，我們的目標必須是「啟動的」（active），或是以心理學的講法是「激發」（aroused），要不然不會有所進展。當你的目標只是低度激發時，做起來不是很有勁。激發程度上升，你的表現也會跟著提升，但是只會到一定的程度。耶基斯與多德森指出，激發最終將導致表現下降，過度激發的例子包括恐慌 —— 你激動過頭，慌了手腳。換句話說，傑出表現會有「最

適激發程度」。

　　每個人有不同的激發休息狀態（resting level of arousal）。你可以觀察一下認識的人，有的人永遠動力十足，躍躍欲試，喜歡提前完成工作。有的人有較低的休息狀態，需要三催四請，才有辦法完成計畫中的項目，迫在眉睫的死線，最能夠讓他們動起來。凱西告訴我，她大學時發現，相較於手上只有一兩件事，有很多事要做時，她比較有生產力，那是低激發的徵兆。跟凱西一樣的人，需要一定程度的焦頭爛額，才有辦法火力全開。但是，工作很多，則會讓高激發的人掉下耶基斯—多德森曲線。

　　所以，道理還是一樣的，你得了解自己是個怎麼樣的人，也了解身邊的人。你需要蓄勢待發到什麼程度，才能準備好工作？多少的激發對你來說則是太過頭？目標是管理你的工作量，讓自己處於甜蜜點，有足夠的精力被激發，又不會過頭到無法再有進展。

　　你有時可能不得不和激發休息狀態不同的人一起工作。如果你屬於高激發型，同事是低激發型，兩個人可能處不來 —— 你可能需要同事交給你東西，才有辦法進行你的部分，但同事要到最後期限非常逼近時，才會動起來，結果你的甜蜜點已經過了。如果你發現有這個可能性，就和同事協調好，確保自己能夠即時拿到東西，在最佳狀態下工作。此外，如果你是低激發型的人，可

以替自己設下假的最後期限，方便高激發同事處於效率佳的工作狀態。

另一個影響激發的因素是，你收到的科技產品提醒次數。電子郵件、簡訊、即時通訊、電話，全都會在一天之中持續打斷你做事。佩吉輔導同事，教大家盡量關掉提示，所有提示都會增加激發程度，造成工作分心，降低生產力。

此外，訊息提醒，也會讓你忍不住一次做好幾件事。數十年探索認知腦的心理學研究，尤其是「雙重作業表現」（dual task performance，聽來高深，其實就是「一次做兩件事」）方面的研究顯示，如果你交叉做兩件事，兩件事都會表現得更不理想。當認知腦的執行功能區不得不切換任務時，表現會變差。

切換工作會帶來兩種問題。一、與你正在做的第一件任務有關的資訊會被抑制，與第二件任務有關的資訊會被活化，結果消耗掉部分時間。二、你回頭做第一件任務時，大概無法一下子就回到原本的地方，進一步拖慢了工作速度。也因此，最具生產力的做法，就是專心做一件事，然後再做另一件。移除環境中的提示，將可避免自己多工作業。

管理手上事務時，你還應該決定哪些工作要接，哪些該拒絕。安迪告訴我，他看到許多新人為求表現，接

下太多工作，負擔過重反而減損生產力。你一週能工作的時數，真的只有那麼多，力氣應該盡量用在能夠立下功勞的事項。被問及能不能接手某項工作時，想想你待辦清單上的其他事項，不要擠掉做重要工作的時間。

本書一再提到，雖然為自己挺身而出很重要，要說No卻不容易。前文提過「親和性」是一種核心人格特質，如果你和藹可親，不會想要拒絕別人的請求。「盡責性」高的人，也會被相關問題所擾。第5章談過，盡責的人喜歡完成任務，完成組織事務的動力高。這兩種人格特質，都會導致接下負荷不了的工作量，在做不好時心情低落。

幸好，不擅長拒絕的人，可以採取兩種策略。在你必須拒絕時，可以從獲得對方的理解開始，表示自己目前真的焦頭爛額，能不能請別人負責？你可以因此得知，哪些事情其實交給別人就好。如果是你不得不接受的請求，你可以要求把自己部分的待辦事項交給別人。找出優先順序高或耗時的項目，請對方推薦誰可以接手，讓你能夠專心執行新的要求。與其答應了但無法完成，屆時令人失望，不如把待辦事項維持在自己能夠負荷的程度。

爵士腦：
追求完美，反而讓你無法變好

常聽爵士樂，自然會聽見精彩的獨奏，難免會感到望洋興歎。這麼多珠玉在前，自己還是別獻醜了，畢竟表演出點錯在所難免，再怎樣都達不到優秀前輩立下的榜樣。

獸醫克莉絲汀表示，在她那一行，威力最強大的生產力殺手，就是追求完美 —— 你會變得優柔寡斷，也無法把工作分配出去，因為你怕別人做得沒你好。

然而，成功之道是，你願意嘗試自己還不能做到完美的事。整體來講，已經完成的計畫，就是做得最好的計畫，即便有瑕疵也一樣。任何一件大型案子，都會有還能再改進的地方，但日後再修正就好。記住：即使是業界最優秀的人，也一定是從菜鳥起步。你可能沒看到他們早期犯的錯，但不代表他們不曾鬧過笑話，也不代表他們現在就完全不會出錯。

最後要提醒，你必須願意把工作分出去。你的

> 職涯有所進展後，你所獲得的專業技能，將讓你能執行別人沒能力做好的事。你應該專心只做那樣的事，剩下的交給別人，即便你認為其他人的能力只是還過得去，你親自來做會更好。

暫時放下工作的好處

英文有一句諺語可以回溯到17世紀：「只工作，不休閒，聰明人也變傻。」不論這句話是誰講的，他講對了！定期休息一下不工作，這麼做很有道理。

本章先前的段落提過，睡眠與運動對腦部健康來說很重要，但工作時這兩件事都很難顧好。你大概讀過不少「工作與生活要平衡」的探討，人生想達成的大方向目標，不一定都和工作有關。人際關係、戀愛關係、家庭關係，都需要你暫離工作，撥出時間維持。嗜好會讓生活變得豐富，世上也有許多值得一遊的美景。

當然，工作與生活要平衡的意思，不是每一天、每一週、每個月都得完美平衡。有時你得把重心放在人生的某個特定面向，犧牲其他部分。我在念研究所和剛在大學教書時，為了完成學業，展開職涯，拿到終身教職，我的平衡倒向工作；但在孩子出生後，我的平衡多

倒向家庭一點。關鍵是每年進行評估時，你對於自己花在工作及其他事的時間分配，你的感受是什麼？你喜歡自己做的選擇嗎？到了一年的年底（人們通常會在那個時間點思考新年新希望），全面思考一下你的優先順序。

　　即便你專注的目標主要是工作，偶爾拋下也是有其必要的。首先，你生活中的其他經驗，將以意想不到的方式，帶給你的工作生活新靈感。比方說，我要不是因為每週聽音樂、練習薩克斯風、和樂團一起表演，我不會寫下本書的「爵士腦」部分。

　　暫時拋下工作，可以提振你的認知腦，增強你的問題解決能力。別的不說，你的記憶通常會卡在特定的解決辦法，你從記憶中存取的知識，將壓過其他也能幫助你解決問題的方法。當你把問題擺在一旁，記憶將重設，讓你有辦法再度提取不同的資訊。

　　前文已經提過好好睡覺的幾項好處，還有一項好處是：人很容易漏掉正在處理的事物細節，你對於問題的描述會變得抽象。所以，當你遇到難題時，「先睡一覺再說」，可以讓這個偏向抽象的敘述，得以從你的記憶中，提取不同於前一天想起的資訊。

　　簡言之，基於種種原因，常常從工作中走開是好點子。

社會因素：設法減少外部干擾

我們的生產力並不完全受到自己掌控，同事與上司也深深影響著你的工作。你得克服和身邊的人一起有效工作的挑戰，現代的組織環境會帶來各種挑戰，例如：開放式的辦公空間或遠距工作的需求等，本節將一一討論相關議題。

小心惡鄰，留意黑暗三特質

本章先前建議，你應該設法支持鄰居，只可惜不是職場上的每個人都會禮尚往來。有的組織獎勵個人成就，不重視團隊績效，有的人只有力氣顧自己。你必須自問：我能在這個環境中如魚得水嗎？

愈來愈多的性格研究開始留意所謂的「黑暗三特質」（dark triad）：「精神病態」（psychopathy）、「權謀」（Machiavellianism）、「自戀」（narcissism）。「精神病態者」性格冷漠，容易操縱他人、衝動、迷人、愛騙人。「權謀者」為了完成自私的目的操縱他人。「自戀者」則是自認為比其他所有人優秀，人人都該聽他們的。許多自戀者靠讚美來增強自信，因此要是有人敢挑戰他們的權威，他們就會暴跳如雷。

展現前述三種特質的同事，將帶來不良的工作環

境。他們為了私利操控你，完全不顧會對你的職涯造成什麼影響，把團隊的成績占為己有，還把錯全部怪到別人頭上。

如果你發現同事有這類性格，盡量遠離他們的行為帶來的最糟結果。和上司談你擔心的事，記錄你和那些人的互動，以免他們有一天把錯推給你。

最難處理的情況是：出現「黑暗三特質」的人，就是你的上司。自戀型的主管不會提拔你，只會認為團隊的功勞都是自己英明。替這種人工作，不會有太多長遠的好處。想辦法在其他團體裡找到盟友，看看能不能調去其他部門。短期的自救法，就是把自己最好的點子，說成是主管的高見，讓自己能做想做的專案。不過，要是真的成功，不必期待功勞會歸給你。

有效的團隊合作具備哪些要素？

就算人人都有心合作，以團隊形式工作並不容易。我們接受的教育，主要要求傑出的個人表現。我們接受過的訓練，大概沒有多少是明確指導如何與他人相輔相成，建立有效的團隊。研究顯示，光是挑選最優秀的人當組員，不會帶來最優秀的團隊表現。約翰·西卓爾（John Hildreth）與卡麥隆·安德森（Cameron Anderson）的研究發現，如果小組成員全是扮演領導角色的人，這

樣的團隊解決問題的表現，會輸給組員包括部分領導者與部分追隨者的組別。當然，市面上有不少專書討論「團隊合作」這個主題，這裡簡單提一下幾個生產力重點就好。

團隊表現就像打籃球，籃球隊上場時，需要各自負責不同位置的球員。你們團隊也是一樣，必須召集擁有不同技能的成員。打造團隊雛形時，你可以從下列這幾種人開始招兵買馬。

- 具備整體願景，明白團隊嘗試完成的事。
- 責任感極強，確保團隊成員能夠各司其事，即時完成任務。
- 具備領域專長，有能力協助你解決問題。
- 懂得有效溝通，能夠說明、協調要完成的工作。
- 如果專案的目標是創新，需要通才助陣（詳見第5章）。
- 至少要有兩名「親和性」屬於中等到低等的成員，願意提出批評與反對意見。

當然，可能一個人就同時具備多項條件，所以成員人數不一定要多。

你得引導團隊的動機腦，讓大家處於合適的思考與行動模式。團體動力會影響完成任務的動力，大家通常會緊抓著第一個冒出來的方案，希望用那個解決問題就好。為了確保團隊有時間仔細思考，你可以為何時要做

出最終決定，設定一個時間或日期，而不是採取速戰速決法。一定要給團隊裡的每個人充裕的發言時間，以免錯過關鍵的論點。此外，不要只是附和大家的看法，你自己也要提出意見。你的目標是為問題發想可能的解決辦法時，讓團隊維持在思考模式，等到準備好執行某個行動方案後，再讓大家進入行動模式。

高效團隊的最後一項關鍵要素，將是願意做團隊表現的追蹤分析，這樣的追蹤有時稱為「檢討」（debriefing）或「行動結束後的報告」（after-action report，這是軍事用語。）史考特・譚納邦（Scott Tannenbaum）與克里斯多福・塞拉索里（Christopher Cerasoli）精彩回顧追蹤檢討的價值，找出能夠改善團隊表現的事後分析，具備下列幾項特點。

- 參與者積極想知道哪些環節順利、哪些出錯。
- 把檢討當成學習的機會，而不是替團隊績效打分數。
- 針對明確的事項討論，不是空談。
- 多位團隊成員都會提出意見，不會只有領導者或獨立觀察者的看法。

具備這幾項特徵的檢討，能夠協助團隊成員學習更有效的合作方式，找出團隊是否有未來需要加強之處。

主動管理你的工作環境

　　工作環境是另一項影響生產力的重要因素。五十年前的工作環境同質性高，人們各有一間單獨的辦公室，或是和幾個同事一間。早上抵達公司，在規定的下班時間離開（偶爾加點班），有可能出差，或是拜訪客戶、顧客等。

　　今日的工作環境則是五花八門，你可能碰上多種情形。有的人依舊在傳統式的辦公室工作，但是隔成一格格座位（全屏隔間或半屏隔間）的開放式辦公空間相當普遍。另一種是無固定座位的辦公室，每天來上班時，選好一個位子做事。有些人以遠距方式上班，每天或一週中有幾天不進辦公室。

　　這幾種辦公環境，為的是提供人們更大的彈性，依自己的喜好投入工作。資訊科技持續進步，即使人在遠方，也能與辦公處保持聯繫。此外，不使用牆壁把辦公室人員隔開，還能夠促進合作。

　　然而，這樣的辦公環境，也帶來了不少挑戰。如果工作環境每天都在變動，很難養成固定的工作習慣。開放式的辦公環境會造成分心，有物體在移動時，人類的視覺系統就會追蹤，因此如果是隔間式的辦公環境，有人站起來四處張望，很容易讓人分心。

如果同時有很多同事在隔間裡講話，也會分散注意力。羅倫·安伯森（Lauren Emberson）、蓋瑞·盧皮恩（Gary Lupyan）、麥可·戈斯坦（Michael Goldstein）、麥可·史皮維（Michael Spivey）所做的研究顯示，聽見只有一半的對話，例如：你聽到別人在講電話，尤其令人分心，因為你的聽覺系統無法預測對話的走向。研究也顯示，相較於待在安靜的環境，四周要是傳來對話聲，你吸收新資訊的能力也會大幅下降。

透過工作環境提升生產力的方法，就是盡你所能維持良好的工作習慣。習慣需要持之以恆，花幾分鐘整理好工作空間，讓每樣東西都擺在你預期的地方，不論是在家裡工作、遠距工作或坐在共用的桌子都一樣。這樣一來，你就不會永遠都在找基本的辦公用品或其他你需要的物品。此外，試著盡量每次都在相同的地方工作，方便自己進入工作狀態。

如果你平日在家工作，你也需要保有可以遠離工作的空間。不中斷的網路連線與智慧型手機，已經讓人很難逃離工作，如果你家就是你的辦公室，你永遠都會想到還沒有完成的工作。所以，至少要在家裡保留一塊園地，永遠不在那裡工作，當你感覺工作壓力大，就可以躲到那裡。舉例來說，我家有「音樂房」，我在那裡吹薩克斯風，永遠不在那個房間工作，那是我的世外桃源。

　　如果你的工作地點是開放式的辦公室或公共場所，例如：咖啡廳、共同工作空間等，那就想辦法減少干擾。研究顯示，音樂或白噪音能夠幫助某些人專心，但對有些人沒效，例如：研究顯示，內向者比外向者更容易因為背景噪音分心。所以，如果你身處於共享的環境，感覺整體的氛圍令人分心，你可以實驗一下各種類型的背景音，但全部都不適合你也說不定。如果你手上的工作需要專心，那就找個安靜的地方，很多開放式的辦公環境，都設有單間辦公室。

　　最後，你可以和同事協調什麼時候可以跟你說話。就算只是打斷一下子講幾句話，你也可能需要多個幾分鐘，才能夠回到先前的專心狀態，導致工作效率下降。試著想出一套辦法，提醒同事什麼時候可以打斷你，什麼時候不要吵你工作。許多隔間辦公室開始用紅、黃、綠三色來表示能否打斷；紅色代表「請勿打擾」，黃色代表「最好不要打擾」，綠色代表「可以講話沒關係」。

　　如果你還是無法專心完成工作，那就多試試幾種環境，看看要怎麼做最有生產力。一旦你清楚怎麼做會帶來最高的工作效率，和主管聊一聊，看看能不能就照那樣安排，但有需要的時候，同事還是可以找你。

制度性因素：正視職場霸凌和性騷擾

火燒眉毛的短期壓力可以刺激你專注，例如：萬一有東西出錯，你有辦法突生三頭六臂，一下子就止住問題。然而，長期壓力是生產力的敵人，壓力是動機腦對於情境的反應 —— 你試著避免某種負面結果；麻煩的是，職場有時可能充滿了壓力源。

第2章談過，了解自己的工作價值觀很重要。你開始了解自己上班的地方後，可能會發現組織的某些地方，和你的價值觀背道而馳，工作因此受阻。第9章會再談你考慮未來的工作時，該如何思考價值觀起衝突時該如何處理。

其他影響生產力的制度性因素，和領導者如何影響部屬有關。第8章會談組織要的、員工明顯在做的事，以及組織如何獎勵員工必須是一致的，本節先談職場上會影響生產力的偏見。2017年秋天，《紐約時報》（*The New York Times*）詳細報導電影製作人哈維·溫斯坦（Harvey Weinstein）的性騷擾指控案，引發民眾熱議。職場上與性、種族、族裔、宗教、性傾向有關的騷擾，其實屢見不鮮，但這次民意的怒火，讓組織更願意面對問題，無法繼續隱瞞下去。

如果你覺得自己因為某種天生特質受到歧視或騷

擾，這一類的組織問題不處理不行。職場虐待會帶來龐大的長期壓力，你必須立刻和主管坐下來談談發生的事。大型組織可能有專人（通常是人資），能夠受理你提出的申訴，負責展開處理流程。就算你才剛進公司，如果你是偏見或騷擾的受害者，不要姑息。

什麼行為可接受、什麼不行，組織裡人人有責。如果你在職場上看到別人發生的事令你不舒服，跟主管談一談。如果你擔任領導職，和做錯事的人一起坐下來談談，愈快處理愈好。多元化對組織有好處，但唯有工作地點接受了多元性，才會出現好處。

我們自己也得更謹言慎行，如果有人告訴你，你說的某句話、你做的某件事讓人不舒服，你要負起責任。你或許不是故意要造成同事不舒服，但你的評論、你的動作，別人會有什麼感受，不是由你來決定的。為自己造成的影響道歉，學著讓每個人都能享有更和善的工作環境。

職場上的騷擾議題引發爭議，因為隨著社會規範在變，職場上哪些行為可以接受，也跟著變。舉例來說，現在回頭看1960年代左右的電影或電視劇，螢幕上一堆人在抽菸，但在現代職場，大部分的辦公室都禁止吸菸。許多人抗拒，覺得以前可以，現在為什麼不行？同樣的，有些人繼續對多元性嗤之以鼻，認為只不過是

「政治正確」。

一樁又一樁引發關注的職場騷擾案顯示，組織很難自我規範。基本問題出在動機腦，人類的天性是短視近利，不去想長期怎麼做才正確。被指控有人在你們組織裡騷擾別人，甚至還有證據，將會引發衝突。領導階層必須調查申訴，還要處理顯然有問題的人，組織有可能醜聞纏身。

人們短期的反應，通常是不要處理比較簡單 —— 搞不好這只是個案，過一陣子就沒事了。然而，拖字訣雖然能夠省去短期的麻煩，卻會造成多個長期的問題。首先，騷擾別人的人會認為，看來做壞事不會有什麼嚴重後果，造成潛在的受害者增多。第二，問題存在的時間愈長，民眾看見這個組織一直以來硬是不處理，引發的負面聲浪會更大。第三，辦公室裡會出現人人自危的氣氛。

如果要讓領導者願意即時調查申訴，我們必須改變我們訓練人們如何處理騷擾的方式。大部分的法規遵循訓練，用抽象的方式對待問題，給員工看不可接受的行為定義，頂多再舉幾個例子，每個人都說：好，我會留意違規的例子，並且舉報。然而，這樣的訓練並未讓大家留意，人在短期傾向無視於受害者的抱怨，但處理問題才是長期的根本之道。此外，這樣的訓練也沒讓人們知道，如果他們通報了自己碰上或目睹的事，接下來組

織會如何處理，他們將進入什麼樣的流程。

　　組織必須教員工如何採取行動，長遠來看，面對問題對組織來說才是好事，權宜之計只會讓傷口繼續化膿。

多元與共融不是口號

　　多元化不只是理念，對公司的發展也有好處。接受各種觀點的辦公室創意十足，能夠找出辦法解決新問題，還能跟上潮流。人們在工作時，應該要能夠展現真我。那並不代表一定隨時都得在工作中感覺自在，但不舒服的原因，不該源自他們是誰。

　　不過，多元還不夠，還得加上「共融」（inclusion）這個相近的概念。「共融」涵蓋的範圍，超過只是雇用膚色、性別各異的人員，每個人都該有機會將不同的觀點與人生經驗帶進工作地點，帶來貢獻。

　　對組織而言，多元化在許多方面比真正共融容易。組織必須努力雇用多元勞動力，但這點不難做到，只要調查員工的人口組成，確保雇用了各色人員。比較難做到的，則是確保每個人都能在工作上一展長才。個人不同於其他人的地方，獲得社會廣泛接受，領導者應該以身作則，鼓勵大家一起這麼做。

重點回顧

你的大腦

動機腦

- 「苦勞」指的是你在待辦清單上打勾的項目,「功勞」則是你日後回想起會自豪的重要目標。

- 「系統性失效」的意思是:你必須改變行為,才可能達到特定目標。

- 「耶基斯—多德森曲線」顯示,任務表現會有「最適激發程度」。

- 「黑暗三特質」是指「精神病態」、「權謀」與「自戀」三種負面人格特質。

- 動機腦偏好做短期有利的事,不願放眼未來。

社會腦

- 生活中多數的人際關係,可分為「家人」、「鄰居」和「陌生人」三種。

認知腦

- 把目標記在心裡,將影響你在生活周遭

觀察到的事，帶來「機運性規劃」，讓你能夠「見機行事」。

- 睡眠規律能夠促進學習，減少焦慮。
- 人腦無法同時多工，必須在任務之間切換。

小訣竅

- 每年回顧你有哪些「系統性失效」。
- 當個「好鄰居」的方法，就是把同事的部分目標，當成自己的事。
- 好好睡覺，好好運動，好好吃飯。
- 列出真正必要的待辦清單與工作事項。
- 找到你的激發程度甜蜜點，這樣你既能有效完成工作，又不至於驚慌失措。
- 盡量一次做一件事就好。
- 學著拒絕別人的請求，以免心力交瘁。
- 工作一定要休息。
- 工作時間工作，非工作時間不要工作。
- 設法遠離有「黑暗三特質」的同事。
- 了解優秀團隊的組成。
- 利用檢討時間，改善團隊表現。
- 職場上的霸凌與騷擾不可容忍。人類的

天性是息事寧人，但長期的影響將重創組織。

- 組織中的多元具備價值，但前提是要讓多元化的個人有機會發揮工作長才。

8

不論頭銜，發揮領導力

　　人類或許是一種合作的物種，但如果要讓每個人齊心協力，達成共同目標，組織必須知道要朝哪裡走，也必須知道要如何抵達，那部分屬於「領導」的範疇。

　　我曾經有幸加入德州大學的領導教育計畫，我們的目標不是訓練校內的每一位學生都成為領導者，雖然我們的確希望日後能有許多學生在職涯中擔任領導職。我們期望學生能夠了解什麼是優秀領導，自己就能身體力行，也知道自己是否跟對人了，碰上做事有效率的領導者。

　　「領導」（leadership）與看似差不多的「管理」（management），探討兩者差異的文獻汗牛充棟。人們以各種方式使用這兩個詞彙，因此很難下精確的定義。不過，有一點是確定的，擔任領導職的人，必須參與「策略」（strategic）與「營運」（operational）兩類工作。「策

略」的部分，包含判斷組織的願景與方向，做出達成那個願景的決定，還要鼓勵人們投入。與「營運」有關的工作則是落實願景，包括分配資源、評估目標進度、在無法完成目標時修正計畫等。

從這個角度來看，如果你做的工作中，策略類的多過營運，那麼你擔任的是領導職。如果營運類的多過策略，你擔任的是管理職。儘管如此，這兩類職務都至少包含一定的策略工作，也包含一定的營運工作。

茉莉‧弗高維（Jasmine Vergauwe）等學者做的研究顯示，魅力型領袖（charismatic leader）高度自信，擅長與他人溝通，解決問題時願意採取有創意的方式。他們善於領導的策略環節，但通常高估策略的重要性，不夠看重讓組織能夠運轉的營運工作。最成功的領導者，有辦法動員大家參與共同的願景，還能提出明確的計畫與流程，讓組織得以實現願景。一個人不必同時高度精通策略與營運兩種工作，不過每個人都該了解相關工作的重要性。

我們經常混淆「領導」與「領導職」，以為要領導，就得在組織裡擔任握有權力的職務。舉例來說，如果你是某個人的主管，你有權評估他們的表現，或許還有權決定他們的薪資。然而，領導他人不只是有權下指令那麼簡單，畢竟我們從小就知道，光是說出「我叫你去，

你就去」，並無法讓人心甘情願服從。

　　有效的領導者會設法讓一群人擁有共同目標，即便是位於組織圖最底部的人也能夠領導。不論你的職權是什麼，你都能靠著親自示範，鼓舞大家，靠自身的專長與反饋，影響他人的行為。那就是為什麼組織裡每個人都明白，誰才是內部真正的領袖，不論那個人的頭銜是什麼。

　　我們開始設計該如何在德州大學教領導時，重點集中在幾種技能，那些能力可以培訓，也能在他人身上辨認出來，包括：

- 有辦法分派任務
- 具備批判性思考與決策能力
- 能為行為負起個人責任
- 有效溝通，善於公開演講
- 促進合作
- 投入道德領導

　　本章接下來將一一介紹這些領導能力。

如何才能有效分配工作？

　　領導的核心技能是分配工作。分配任務給某個人的時候，你得「用人不疑」，相信那個人知道該如何做好，而且一定會做得很好，並且懂得在必要時尋求協

助。若要達到這種程度的信任，領導者得先做好這幾件事：努力培養他人的能力；以適當方式處理犯錯；有功要賞，而且要公平。

培養他人，就是在成就自己

領導很重要的一環，就是協助身邊的人進步，學習扮演好自己的角色。如同不可能剛開始做一份新工作，就每方面都能夠上手，你也不該期待第一次請部屬與同仁做事，他們就什麼都要會，你一定要協助他們磨練技巧。

道理聽起來簡單，做起來困難。你第一次請人做不熟悉的事情時，要教會他們上手，接著還要提供反饋，所花的時間將比自己做還要長。你得先確定他們有辦法獨當一面，才能夠安心把事情交出去，因此必須犧牲眼前的時間，以換取日後的成果。

請記得一件事：訓練身邊的人，不是在浪費時間。很多人以為，生產力主要是看自己完成的事，但隨著你一路升遷，尤其是接下領導職後，你是否稱職的評估標準，包括你負責帶的人是否具備生產力。

犯錯是在學習經驗

創造人們會喜歡的文化，要從你如何處理犯錯做起。第5章已經談過從錯誤中學習的重要性，本節則要

從領導的角度看你該如何處理犯錯。你可能以為，某個潛在錯誤的代價愈高，連帶的處罰就應該愈重，這樣人們才會知所警惕，小心下次別再犯錯。然而，這種做法完全錯誤。

　　想想航空業的例子。飛機要是出錯，後果非常嚴重，但飛航災難通常不是單一錯誤造成的，而是來自一連串的出錯。美國聯邦航空總署（US Federal Aviation Administration, FAA）因此推出「飛航安全行動計畫」（Aviation Safety Action Program, ASAP），只要不是執勤時喝酒等違法行為，產業成員只要在24小時內通報錯誤，就不會受罰。該計畫由獨立單位（美國航空暨太空總署）主持，讓從業人員能夠放心通報錯誤，不會帶來負面的生涯影響。

　　「飛航安全行動計畫」考量到人們會犯錯，並不是因為無心做好，只是人有失手，馬有亂蹄。確保飛安的方法，並不是設計出犯錯可能性為零的流程，而是在出錯時不至於無法挽回。唯一的辦法就是整理所有出現過的錯誤，加以研究，找出模式。飛航安全要靠接受錯誤，從錯誤中學習。

　　說穿了，如果你處罰犯錯，人們的主要誘因將是隱瞞錯誤，因為人類不會特地自找麻煩。然而，如果問題被隱藏起來，將無法解決，久而久之就會釀成大禍。你

的目標是處罰「疏忽」，而不是處罰「錯誤」。如果平日表現正常的人出錯，當成他們在學習的機會就好，就算後果很嚴重也是一樣。唯一該處罰的人，只有不做準備、不肯嘗試、不願意試著從先前的錯誤中學習的人。

打造正確的獎勵制度

當你「要求」人們做一件事時，只會「部分」影響人們實際上做的事。動機腦的運作有一項核心原則，那就是一件事包含「你說的話」、「你做的事」與「你獎勵的事」，而人們會以相反的順序聽見這些元素。也就是說，你說的話（或你要求的事），對他們的日常行為產生的影響最小。部屬會觀察你和組織裡其他人平日做的事，你們怎麼做，他們就跟著做。最重要的是，他們會觀察獲得獎勵的行為，獎勵有各種形式，包括升職、更好的機會、取得資源的管道與關愛。

當你是領導者時，如果一直要求某項行為，但同事都不做，你會很沮喪。如果發生這種情形，很可能是你說期望見到的行動，不同於人們顯然在做的事，也不同於人們因此獲得獎勵的事。你需要留意這樣的不一致。

一個常見的例子就是創新。企業經常大談有多麼重視創新，我演講過的企業，也的確有很多都在自家的大門上，自豪地掛上使命宣言，多半都會有「創新」這一

條。然而，很少有企業真的稱得上創新。

　　問題部分出在人們負責的工作，很少會是找出與產品、流程有關的新做法，絕大多數都是為了支持現況與漸進式的改善。如果沒見到任何同仁在做與創新有關的工作，你大概不會開始每天挪出時間打造創新專案。

　　此外，許多企業的獎勵制度不利於創新，大型組織尤其如此。發放給主管的獎金，看的是他們的部門每季或每年的獲利。創新剛好相反，短期來看很燒錢，一般來說，又要過好長一段時間，才能夠看見好處。然而，失敗的創新（但創新大多失敗收場），將永遠無法回收成本。在這樣的獎金制度下，主管很少會有誘因支持創新計畫。而且，在組織中獲得升遷的人，通常都是帶來穩定進展的人。創新計畫的曲線，並不是持續性的成長，而是好長一段時間都不會帶來營收，接著要是成功了，就一飛沖天。組織若是希望看到更多創新，一定得重新設計獎勵制度，獎勵創新計畫。

　　前述會影響行為的因子，全都得加以留意，觀察它們如何造成人們做出與你的要求背道而馳的事。社會腦有一項重要的研究觀察：我們在評估他人的行為時，會依據他們的人格特質來下判斷，不去考慮他們的目標或其他可能驅使他們的情境因素，即使我們在解釋自身行為時，通常會大力強調自己碰上的情境與目標。

就實際的例子來說，當同事做了不該做的事情，你八成會想：這個人到底是哪裡有問題？你假設是他們的人格特質造成他們無法符合期待，可能是能力欠佳，或是個性懶散等。下次在你把人們的行為歸因於某項人格特質前，請記得要先檢視工作情境，判斷情境對行為造成的影響。有可能不管再怎麼能幹的人，要是碰上那種事，也會出現相同的行為。

如何養成批判性思考，有效解決問題、做出好決定？

領導的「策略」與「營運」兩個層面，都需要盡量通盤考量後，方能做出明確的決策。許多研究都提到，各種「決策偏誤」（decision bias）將導致人們做出不佳的決策，本節將討論幾項與領導情境有關的重要元素。

懂得何時該說 Yes 或 No

想一想人們向你提出要求時，你怎麼回答？如果你和多數人一樣，會有一個最容易被引發的回應。有的人偏向答應請求，例如葛瑞格告訴我，他以前有一個老好人老闆，每個點子都覺得很好。那個老闆真心想看到人們達成目標，所以不管什麼事幾乎都答應，資源因此分得太散，造成他同意支持的計畫很少能有成功的。反過

來說，有的人不管什麼事幾乎一律拒絕，我某次和他校的學術同仁聊天，他開玩笑說，他的院長（掌控著學院資源）是「不可以博士」（Dr. No）。不管是什麼計畫，這位院長幾乎不曾同意推行，最後人們再也不帶著新點子去找他了。

身為領導者的你，必須有辦法坦然說出Yes或No。第6章討論困難對話的章節提過，好人很難把壞消息說出口。如果你待人和善，別人對你提出要求時，你得練習拒絕。此時，有兩種說「不」的簡單策略，一種是如果你其實願意支持這項計畫，但無法現在就做，或是無法以對方計畫的方式做，你可以提出其他你能夠支持的辦法。縱然你無法答應某項特定請求，你也鼓勵對方持續和你討論。

另一種情形則是人們帶著計畫來找你，你覺得完全行不通，此時好人很容易為了鼓勵對方說：「我很願意幫忙，但……」，然後表示由於某某因素，所以無法同意這項請求。這種做法的問題在於：提出請求的人，大概會繼續一直努力修改計畫，希望找到辦法，解決你說不能夠幫忙的原因。如果你認為那項計畫沒有前景，那就替你的決定負起責任，表明你決定不做那項計畫。提供你的部屬建設性的反饋，協助他們理解是什麼樣的請求，你才有可能答應，不要找藉口，給人錯誤的希望。

說「不」的時候，說明原因很重要，因為你可能拒絕了應該再慎重考慮的提議。第2章提過，「經驗開放性」這項人格特質，反映出人們接受新事物、新概念的傾向。「經驗開放性」高的人，樂於擁抱新概念，即便他們最終決定不走那條路也一樣。「經驗開放性」低的人會只是因為是新的，就排斥新的概念。「經驗開放性」低的領導者，很可能會錯過寶貴的機會，因為他們很難把Yes說出口。

　　派特的公司開發過幾項電腦技術，今日在人們的日常生活中很常見，但當初並沒有繼續研發下去。派特告訴我，他們公司在網路的早期年代，就開發過一種訊息系統，員工可以成立興趣群組，討論各種主題。大部分的興趣群組與工作碰上的問題有關，不過有的不免討論起娛樂和嗜好。員工很喜歡這些群組，因為可以派上很大的用場，和全球各地的人一起討論如何解決問題。然而，公司認為，員工浪費太多時間做和工作無關的事，就關閉了這個系統。公司沒有真正做過成本效益分析，也沒想辦法讓系統配合工作流程，就直接砍掉那項技術，而那項技術原本領先全球數十年，在世上根本沒幾個人用過社群網站前，大幅激勵生產力。

　　當你聽到令你反感的新概念，仔細想想你為什麼討厭。如果你的反應沒什麼理由，可能只是因為「太新」

所以反對，甚至即便你有理由，可能也不是什麼真正的好理由。舉例來說，很多公司不肯開發創新方案，是因為害怕傷害到目前的業務，但是他們沒想過，要是新技術真的會破壞目前的銷售，既然都會被摧毀了，還不如自己成為破壞者。

相機底片製造龍頭柯達（Kodak），就是一個非常典型的例子。柯達最初開發過數位成像技術，卻選擇不讓這項技術上市，理由是害怕會吃掉傳統底片市場。柯達的判斷沒錯，數位成像日後的確讓攝影產業翻天覆地，但由於公司策略，柯達未能從這場技術顛覆中獲利，甚至完全敗下陣來。

然而，不是每一家公司都害怕顛覆產業的轉變，例如在1990年代的尾聲，Netflix崛起，民眾因此有辦法透過郵寄服務租借DVD。這個模式相當成功，走實體店面的電影租片龍頭百視達（Blockbuster），日後灰飛煙滅。然而，高速網路普及到一般民眾家中後，Netflix從DVD租借，轉型到供應網路串流電影。Netflix當初如果選擇不轉型成串流服務，其實也相當合理，因為那會破壞公司的核心事業。然而，由於用郵寄的方式配送電腦檔案有相當限制，Netflix知道自己最初的商業模式無法長久。

顛覆核心事業的意願，與經濟學家談的「沉沒成本」（sunk cost）有關。「沉沒成本」指的是任何已經投入某

項計畫的資源，例如：時間、金錢、心血等。經濟學家主張，做決定時不該考慮沉沒成本，因為你用掉的資源已經沒有了，回不去了。就算你為了一項計畫努力了很久，不代表現在不能放手。決定該不該繼續執行計畫的依據，應該是這項計畫接下來的成功機率。

豪爾・阿克斯（Hal Arkes）等人所做的研究顯示，我們一般過度看重沉沒成本。已經投注過大量心血的計畫，實在很難說放手就放手。在「恆毅力」（grit）的概念大受歡迎的今日，沉沒成本的議題特別重要。安琪拉・達克沃斯（Angela Duckworth）把「恆毅力」定義為在某個學習領域，熱情洋溢堅持下去。有人主張，恆毅力是學業與事業能否成功的重要決定因素。進一步的研究顯示，堅持反映出高度的「盡責性」這項核心人格特質（本書第5章談過）。盡責的人，通常能夠完成困難的任務。

然而，理查・尼茲彼（Richard Nisbett）等人的研究顯示，最成功的人擅長判斷計畫應該要放棄，還是要繼續下去。這樣的人重視計畫目前的潛能，先前已經投入過多少心血並不重要。卓越的領導者，能夠協助團隊遠離已經不可能成功的計畫。

一流領導知道何時該堅持、何時該放棄。許多組織懂得召集團隊，展開計畫，但當計畫不再有用時，卻很

難終止計畫，因為有一定的人已經投入心血，強烈擁護那項計畫。當你展開計畫時，記得要設定結束日期。等時間到了，有興趣做下去的人必須解釋，為什麼繼續投資計畫帶來的價值，將高過把資源移到其他項目。

知道做決策不同於小選擇

你每天會做大量的決定，選擇要穿哪件衣服、上班要走哪條路、今天要解決哪些工作等。你所做的決定，大部分很適合認知腦適合做的選擇類型。人類對選項有經驗、能夠想像結果時，下決定的時候就有辦法快、狠、準。

當你選擇要穿什麼衣服的時候，你知道自己有哪些衣服，可以想像其他人將如何評論你的穿著。你的穿著打扮，一整天都會得到人們對於那套裝扮的社會反饋，而人們的看法將會影響你未來的決定。

然而，擔任領導職的時候，你做許多選擇的前提，將會遠離這種理想狀態。你必須評估大型計畫，例如：雇用新人、開發新生產線，或是以新方法談交易等。相關情境通常不是你直接經歷過的，很難準確預知結果──部分原因是缺乏經驗，部分原因是環境本身很複雜。此外，這類大型計畫將會持續很長一段時間，不容易追蹤進度，難以判斷是情境中的哪些元素，影響了成敗。

你會很想依據生活中的其他決定怎麼做，這些決定也怎麼做。如果你的許多小選擇都有好結果，你可能會認為自己也擅長做大決定；然而，此時你其實需要找到協助你做決定的工具，學著運用財務預測技巧與預測模型。此外，專家有能力詮釋各種與你的決定相關的數據，你也得學著整合專家的意見。

　　你還需要習慣不確定性。在電影《星際大戰》(*Star Wars*)裡，一個常出現的笑話是機器人C3PO會講出某個行動的成功率，接著韓．索羅(Han Solo)會無視於它提供的數據——《星際爭霸戰》(*Star Trek*)中的史巴克(Spock)與寇克艦長也是類似的組合。然而，在許多真實情境中，我們判斷出現某種結果的可能性時，或然率是最佳工具。儘管如此，有不少研究顯示，人類其實並未特別擅長靠或然率推理，捷爾德．蓋格瑞澤(Gerd Gigerenzer)等人做了許多這方面的研究。如果在你工作的環境裡，許多關於未來的預測，是用可能性來表示的，你得學著適應以「不確定度」(degree of uncertainty)來呈現的選項。

　　準備做出重大決策時，你需要做三件事。第一，檢視你和你欽佩的領導者必須做的決定，有多麼不同於人類擅長做的選擇類型，分門別類列出你需要額外工具輔助的決定。第二，接下領導職之前，要求觀摩公司是如

何做出重大決策的，釐清若要成為更理想的決策者，你將需要具備哪些技能。接下來，主動參與改善自身能力的課程或講座。第三，參與重大決策時，替預期結果做出明確的預測，協助自己日後判斷那項決策是否順利進行。決策是否順利推動的指標愈多，就愈容易修正大型計畫的路線，有助於在未來做出更好的選擇。

領導者需要的兩種溝通技巧

第6章談過溝通，本節再談進階的兩個相關主題，第一個是當情勢不明朗時，該如何有效溝通，第二個是如何大方地在眾人面前說話，尤其是利用演說振奮人心。

情況不明朗時，該怎麼說？

任何組織都會碰上最棘手的問題：不確定的未來。2008年，美國房市崩跌，信貸緊縮隨之而來，全球經濟跟著蕭條。金融海嘯影響大量組織，我任教的德州大學也受到影響，大學員工準備迎接裁員，人們開始考慮是否要找工作，或是看看情況再說。主管不確定要告訴職員什麼，因為行政高層沒透露什麼資訊。缺乏溝通源自不確定性，沒人知道德州的立法機關，將得出什麼樣的預算辯論結果，很難預測是否會裁員，要裁又會裁多少人。

當前景不明朗時，你可能覺得保持沉默比較好，由

於沒什麼重要資訊可分享，你或許認為最好等到真的有什麼消息之後，再跟大家講。

然而，人類壓力大的時候會胡思亂想，你若什麼資訊都沒提供，大家就會開始「想像」未來的各種可能性，接著說出自己的猜測。繪聲繪影之下，就會開始好像真的有那麼一回事。而且，故事一旦生根，即使沒有任何事實根據，也很難從人們的記憶裡消失。霍林・詹森（Hollyn Johnson）與柯琳・賽芙特（Colleen Seifert）所做的「持續影響效應」（continued influence effect）研究顯示，人們很難停止使用聽過的資訊，即使知道那是不實資訊也一樣。溝通真空因此會被流言填補，而且會一直傳下去。

換句話說，當情況不明朗時，你需要溝通。即便你無話可說，唯一能夠告訴大家的，就只有你尚未取得資訊，無法預測接下來會發生什麼事，你還是應該如實說出。同仁若是相信你有什麼事情都會公布，雖然依舊會揣測未來，但比較不會自己編出一大套故事，胡亂猜測實際情形。

爵士腦：

多聽，別忙著吹奏

爵士樂手開始和其他人一起合奏時，學到的第一件事，我稱為「爵士的第一法則」。你和新樂團一起坐下時，應該多聽，不要忙著吹奏。

任何高超的演出，不會只是把每個音符都吹完。和其他樂手合作無間，意思是樂聲要融合在一起，而不只是站在一起各吹各的。如果不先聆聽，無法跟上團員的風格或創新。同理，如果你不聽同事、客戶、顧客說話，你不可能成為優秀的領導者。人們會告訴你很多事，說出自己喜歡什麼、不喜歡什麼。

聆聽的意思並不是照單全收，但如果你不知道其他人要什麼、在考量什麼，你無法以領導者的身分溝通。你得設法讓自己的點子和建議，連結至他們已經知道與相信的事。剛當上主管時，新官上任三把火，但你必須願意好好聆聽身旁的聲音，路才可能走得長遠。

如何在一群人面前慷慨演說？

擔任領導職後，通常得在一群人面前講話。公開演說是最大的社會壓力源（social stressor），許多人感覺很難，心理實驗甚至一般會利用演講來製造壓力，例如：受試者會被告知，他們有10分鐘可以準備在專家面前演講，專家會替他們的表現打分數。這類實驗指示能以可靠的方式，提高受試者的受壓程度，導致釋放壓力荷爾蒙。

若要降低在公眾面前講話的壓力，最好的方法就是實際去演講，這是某種由麥可・泰許（Michael Telch）等人提出的「暴露療法」（exposure therapy），用於降低許多恐懼症帶來的壓力與害怕。「暴露療法」的原理是面對你恐懼的事，不採取任何「保護」自己免於壞結果的措施，例如：吃藥或穿上幸運鞋等。你的動機腦將在一段時間後明白，相關體驗並不會帶來壞結果，焦慮程度因此下降。

在眾人面前講話不出糗的方法，就是多多練習。這項建議聽來令人翻白眼，但演講就是一種表演，每個表演者都需要排練。寫好講稿後（或是大綱，看你的演說偏好），找個安靜的地方，對著牆壁講幾遍，用你上場時的音量與情感。練習講話時不要含糊，發音要清楚，在正確的地方停頓，要有抑揚頓挫。如果你需要有人給

你建議，可以找你信任的同事，也可以聘請演說教練，請對方聽你練習後，建議你改善的方法。

你也可以學習脫口秀世界的精神，喜劇演員在談論自己這一行時，利用大量的死亡隱喻，例如：獲得滿堂彩的英文叫「殺死觀眾」（killing the audience），觀眾反應不好叫「死在台上」。在等著哈哈大笑的觀眾面前說了笑話，結果大家卻面無表情，那種感覺一定很糗，但優秀的喜劇演員願意一次又一次嘗試，「死而後已」。喜劇演員經過大量練習後，發現「死」其實也沒那麼糟糕，他們靠不理想的表演經驗，在日後改善表演，不會失敗了就不再嘗試。

對所有領導者來說，演講的重要功能是鼓勵眾人投入計畫。傑克・布瑞罕（Jack Brehm）與伊莉莎白・塞弗（Elizabeth Self）所做的動機強度研究顯示，當人們意識到「目前」與「樂見的未來」有差距，胸中有計畫，相信完成後就能彌補差距，他們就會有最大的動力達成目標。令人熱血沸騰的演講會強調相關元素：你得協助聽眾了解目前的處境，點出未來可以是什麼樣子，接著解釋他們的行為可以如何讓渴望的未來成真。同樣重要的是，你要點出聽眾面對的障礙，指出有可能克服那些障礙。

你不需要是個慷慨激昂的演說家，也能與一起工作的人分享願景。你只需要自信說話，告訴大家可以如

何靠著團結成功。靠演講激勵士氣的例子，可以參考電影《巴頓將軍》（*Patton*）的第一幕，喬治・C・史考特（George C. Scott）因為飾演巴頓將軍，榮獲奧斯卡獎，YouTube上找得到那段演講。巴頓將軍在那一幕，對著即將進軍法國的美國第三軍團講話，他奮力強調目前的情勢，提醒大家美軍傳統帶來的力量。不過，那場演講真正力量強大的地方，在於巴頓將軍告訴底下的士兵，面對敵人的炮火，看見同袍被殺，他們八成會害怕，他要大家即使恐懼也要奮戰。巴頓將軍提出願景和計畫，告知可能碰上的阻礙，讓年輕人做好戰鬥的心理準備。

領導者的個人責任

肩負領導職的人，對組織有著龐大的重要性。他們設定願景，激勵人們努力達成，也因此組織的成功，通常不成比例地歸功給領導者。

適應身分的轉換不容易，你剛出社會時得力求表現，才能讓人注意到你的貢獻，希望有新機會時，公司會考慮你。然而，一旦擔任領導者的角色，鎂光燈已經在你身上，即便你依舊希望在組織往上爬，你已經不需要讓人留意你的存在，你的重心需要改放在提攜後進。

也就是說，如果你底下的人出錯，你必須願意扛責任。高層責備時，你得保護你的人。你可以想辦法彌

補部門出的差錯，也可以處罰怠忽職守的員工，但應該「關起門打孩子」。你的團隊表現是你的責任，你必須扛。你應該保護你的部屬，今日犯錯的人，有可能明日做得很好。不要在組織的其他領導者面前，講那個同事的壞話。

功勞則是反過來，身為團隊領導者的你，當事情順利時，功勞大多歸給你，你很少需要標榜自己的貢獻。你應該強調某件事能夠成功，要感謝在背後付出的功臣。

你該宣揚團隊成果的原因有兩個。首先，當你位於組織食物鏈愈高的地方，你表現得好不好，愈是看你能否培育人才。如果你能夠證明，你對部屬有正面的影響，別人會注意到，你自己也會得到更多負責領導的機會。

第二，當你在組織步步高陞時，將需要盟友協助你完成感興趣的計畫。在組織培養忠誠的好方法，將是提拔你的團隊成員，人們如果感謝你的提攜恩情，八成會在未來支持你的計畫。

培養未來的領導者時，要記得思考如何促進領導團隊的多元性。第7章談過，多元團隊能夠帶來創意十足的問題解決法；然而，在許多組織，階層愈高，領導者就愈不多元化。至少從美國與西歐的研究來看，問題部分出在當男性出現領導行為時，比女性出現領導行為，更被視為是正向行為；白人出現領導行為時，同樣比其

他膚色的人出現領導行為，更被正面看待。因此，在多元化的環境中，獲得領導訓練與機會的人，一般是男性白人。

每一位領導者都應該找機會，讓組織裡所有的員工，都獲得領導的機會與訓練。依據人們的績效表現來決定晉升機會，而不是按照領導潛能來判斷。組織應該留意的一點是，最有資格擔任高階職務的人，通常在職涯的早期，就有累積那些資歷的大量機會。

寧靜領導：一股重要的力量

人們期待由領導者設定組織的策略議題，也因此通常把焦點放在領導者針對未來發表的整體宣言，經常依據相關聲明來給評價。然而，組織的成功深受營運的因素帶動，願景雖然對設定方向而言很重要，但是光有願景，並無法讓組織達成目標。

「寧靜領導」（quiet leadership）指的是人們在幕後支撐組織事業的品質，這方面的努力一般被低估，包括：指導同仁如何改善績效，要求每個人達到高標，留意做事方法的細節等。

過去這些年，我參加過幾場會議，人們在會上討論計畫，徵求眾人意見，但即使大家對某個點子興致不高，很少人講出真心話，團隊還是會繼續執行計畫。人

們私下討論疑慮，但很少真的提出那些問題，把握機會做點什麼。

　　不久前，我開了某場不一樣的會議，許多校內的高階行政人員在場。有人提出替大學找出潛在未來危機的計畫，那項計畫還過得去，但似乎沒提到某幾個能找出新危機的關鍵機會。某位第一次聽到那個提案的行政人員，立刻提出幾個明確的改善建議。會上的人，其實可以輕易讓那項計畫過關，況且發言的人是在一個小型討論會上提出看法，大部分的系所都沒出席，然而那個寧靜領導的時刻，精彩呈現出如何替組織內的工作設定高標準。

　　你不一定需要身處高位，才能參與寧靜領導。如果你認為某項計畫有改善的空間，那就說出來。在職涯的早期，你可能不敢在公開會議上批評某件事，但你永遠可以事後用電子郵件和某個人討論，或是私下談一談。

　　寧靜領導的核心元素是具備建設性，光是找出提案的限制還不夠，你必須和其他人一起找出替代方案。實踐寧靜領導的人，想辦法傳授自己知道的事，提升組織裡每一個人的能力。

　　有的人平日以具有建設性的方法改善計畫，培養身邊的人的能力，這樣的人才不會被埋沒。碰上重要計畫時，人人都希望他們加入團隊。某個人要是參與過多個成

功完成計畫的團隊，人們會注意到那些團隊的共通之處。

如何有效促進合作？

第7章談過，職場上有「鄰居之誼」時，辦公室運作得最順利。同事之間培養出信任感，這次我幫你，下次我幫你，彼此不計較，不求立刻獲得回報。

領導者必須留意鄰居處得不融洽的跡象，想辦法改善。社區會以兩種方式分崩離析：第一種最常見的可能，就是人們失去信任感，同事之間變得像陌生人；另一種可能則是職場變得太像家人，失去分寸，有人不做事，也睜一隻眼閉一隻眼。

員工開始自掃門前雪，不再替組織的整體目標著想，你可以感覺到工作的地方變成一群陌生人，叫一下才動一下，心不在此，擺明給多少錢，做多少事。這樣的工作地點流動率很高，員工想找更好的工作環境。

人們把同事當成一群陌生人，大多是因為雖然自己把組織當家，組織卻沒有同等的回報。此時，應該和同仁坐下來談談，了解他們對同事、管理，甚至是你的領導有哪些不滿的地方。員工可能認為自己很努力工作，卻沒有領到公平的報酬，或是沒人感謝自己的付出。高層與一般職員之間的薪資差距，可能導致不公平的感受，當人們覺得不公平，一種反應就是離開社區。

　　找出人們感覺像陌生人的原因後，你需要回應。如果你某方面的領導行為讓人感到疏離，請導師和教練協助你挽回員工的信任。如果是組織的其他事讓人們離心離德，你需要明確支持你的直屬部屬。你也需要讓他們明白，你關心他們的職涯發展，努力培養員工的知識和技能，他們將會感覺自己是受到重視的一員。

　　有的組織希望每個人都自認為是大家庭的一分子，這種做法的問題是：人們很容易覺得表現差或是沒做好，不是自己的責任。家庭模式的適用情形是：組織需要照顧生病或遭逢不幸的員工，但在工作上公私分明，讓大家感覺人人都該有所貢獻，投機取巧不會成功。身為領導者的你，理應認真看待定期的績效評估，讓大家清楚知道，表現好將會獲得表揚，每個人都應該有重大貢獻。

　　前述提到的一切，主要得靠職場上的榮譽感。我的同事保羅・伍德羅夫（Paul Woodruff）在精彩的《埃阿斯難題》（*The Ajax Dilemma*）一書中指出，薪資不平等，或是感覺有的人做得要死，其他人卻偷懶，員工會心寒。人們認為沒人看重自己的付出時，會懷疑組織是否珍惜他們，感覺沮喪、憤怒，最後不願意再像從前一樣，為組織盡心盡力。

雙重關係原則：保持距離有其必要

第1章提到，某位女性自從升為主管後，很難維持和同事的友誼。由於「雙重關係原則」（dual-relationship principle）的緣故，人際關係會變得不好處理。

臨床心理師與病患之間有治療關係，基於倫理的考量，雙方不該有其他關係。臨床心理師不能和病患當朋友，也不能談戀愛；此外，心理師不能治療家庭成員或事業夥伴。「雙重關係原則」背後的邏輯是：你和某個人擁有的每一種關係，全都有不同目的。治療關係需要信任，病人才有辦法透露資訊，但治療師也必須給予病人不易接受的建議。為了確保其他關係不會凌駕於治療關係之上，治療師必須避免和病患有任何其他類型的關係。

然而在職場上，「雙重關係原則」不是必須嚴格遵守的倫理原則，主管和部屬有社交關係很自然，許多辦公室戀情開花結果。不過，如果你是第一次當主管，你得注意新職務帶來的目標，有可能與「和同儕團體當朋友」的部分目標起衝突。你的新角色有可能令你感到不自在，或是情況會變得複雜，你必須處理。你可能得設立一些在社交場合中的基本對話原則，免得你們出去玩的時候，抱怨辦公室的牢騷引發人際衝突。

如果你擔心工作關係正在影響私人關係，你得明

講，和同事聊一聊。講這些話可能會令人感到尷尬，因為人們一般不會談社交生活的界線。然而，當工作生活和社交生活起衝突（這種事的確經常發生），最好能讓每個人都明白，由於目標可能起衝突，有些事還是得有分寸。

領導道德

　　領導的最後一個面向是道德。領導手法是價值中立的，歷史上，讓世界更美好的領袖獲得歌頌，讓人們受苦受難的領導者則遭受唾棄。

　　有的選擇會帶來短期的好處，有的則有長期的好處。選擇之間的取捨帶有道德意涵，例如：治理公開上市的企業時，「股東價值」（shareholder value）的概念，通常會導致兩種決定之間的衝突，一邊是影響著每季股價的短期決定，一邊是帶給公司與員工長期利益的決定。碰上這種類型的取捨難題時，該怎麼做沒有「正確答案」，領導者必須接受價值觀的引導。

　　伍德羅夫因此在《埃阿斯難題》一書中提到一個重要區別——「理想」（ideal）與理想的「分身」（double）。「理想」指的是你希望實踐的標準，例如：你希望以「公正」的方式領導，表揚功勞，有功就賞。價值觀的「分身」是指為求達成那個理想，一視同仁執

行的步驟。公正的典型分身是公平，當你以相同方式對待每一個人，不會因為每次的情況不一樣，就需要分開考量，可以直接運用原則。即便結局不理想，很容易就能解釋為什麼要那麼做，因為你遵照的是事先設定好的規則，而那條規則又是源自很好解說的原則。

對大部分的組織而言，不可能要求每一位主管，全都替工作場合的潛在倫理困境，通盤考量解決方案。首先，做個人層級的決定可能很耗時；此外，可能導致組織各單位的做法不一致，減損生產力，也因此組織會設計達成理念的流程，確保各單位的結果會一樣。很可惜，相關流程帶來的結果，通常不是最理想的。

如果你的領導職務需要執行的政策，違反你的價值觀，或是後果將違反組織的理念，你應該站出來講話。很多時候，政策一開始是基於美意才提出的，但不免造成問題。你可能得在短期執行不佳的政策，但那條路走不長。

一定要向組織裡的高階領導人，指出政策帶來的負面影響。高層對於流程是如何執行的、帶來什麼樣的影響，通常不會有第一手的經驗。你提出來，就能夠促成修改政策，更能支持組織的理念。此外，如果你讓部屬知道，你努力改變將會帶來不良結果的政策，你在遵守職位要求你執行的工作場所規定時，還是能夠保住同事

的信任。

　　當然，如果你嘗試改變不理想的政策但徒勞無功，你該自問是否要繼續替那間組織工作，第9章會再談這件事。

重點回顧

你的大腦

動機腦

- 身邊的環境獎勵哪些行為，人們很敏感。

- 身旁的人奮發向上時，「目標感染」通常會讓人感到有為者亦若是。

- 「動機強度」反映出差距是有可能彌補的——當「目前的情形」和「期望的未來」有距離，擬定盡量縮小差距的計畫，走向美好的未來。

社會腦

- 魅力型領導者重視領導「策略」元素的程度，高過「營運」元素。

- 與同一個人擁有多種關係，將造成不同關係之間的利益衝突。

認知腦

- 犯錯是學習的機會。

- 人們在下決定時，會重視「沉沒成本」。

- 人的機率推理能力不強。

- 「持續影響效應」顯示資訊被發現是假的之後，依舊會持續影響判斷。

小訣竅

- 學著同時從「策略」與「營運」的層面思考。
- 好的領導者會教自己帶的人如何做事，這是把任務分配出去的唯一方法。
- 人們以相反順序注意到「你說的話」、「你做的事」與「你獎勵的事」。人們如果不照你的話去做，八成是因為這三件事不一致。
- 處罰輕忽，不罰錯誤。
- 學著說 Yes，也學著說 No。拒絕時，知道你拒絕的真正理由。
- 學習依據統計數字與或然率下決定。
- 經常和你帶的人溝通，即便你得告訴大家未來的情勢不明。
- 擔任領導職的時候，要懂得傾聽。
- 精進你的演說能力，多多練習，不要過分擔心會搞砸。

- 學習靠演講激勵士氣時，向聽眾強調「有可能」彌補與理想境界的差距。
- 小心「雙重關係原則」。
- 讓你的領導具備個人風格。
- 留意你的做法有可能導致並不符合理想的結果。

第三部

經營你的職業生涯

9

轉行、跳槽或尋求升遷

　　你的職涯不只是一份工作而已，反映出你在一生的工作中做出的貢獻。你希望做出的貢獻，有可能隨著時間改變。人們踏上的生涯道路，自然不一定會是5歲時心想著長大要做的事，甚至不會是青少年時期立下的志向；不過，你也不該逼40歲的自己，一定要達成25歲的心願。

　　大約一年一次，盤點一下你處於工作生活的哪個階段，想一想你的職涯走向，是否符合整體的職涯與生活目標？回答三個與往前走有關的核心問題 ── 這條職涯道路適合我嗎？或者我該轉換跑道了？我是否不滿意目前的公司，該試著跳槽嗎？我承擔新責任的時候到了嗎？是否該爭取更高的職位？本章將討論這幾個問題。

　　當然，你是否會繼續待在某份工作，不一定是你的

選擇。雇主有可能裁員；企業會被購併或破產。主管可能認為你不適合這份工作，所以炒你魷魚；不過，本章要探討的問題，依舊是你會關心的事。第10章再回頭談失業後找新工作。

我該轉行嗎？

職涯決定是在依據三個元素賭未來：第一，你預測你選擇的職涯，將提供理想的工作與生活平衡，還提供足以達成個人目標的財務資源。第二，你賭這個職涯能讓你以希望的方式影響世界。第三，你預期你每天做的工作、你選擇做那些事的環境，將帶來滿足感。當你決定是否要待在原本的職涯道路時，你需要評估這三大領域。

你的工作是否符合你的生活型態？

預測自己未來想要什麼，實在很難。「態度行為一致性」（attitude-behavior consistency）的研究，可以回溯至1970年代的愛斯克・賈澤恩（Icek Ajzen）與馬丁・菲斯賓（Martin Fishbein）。兩人指出，不論是小事，例如：選擇冰淇淋口味，也或者是大事，例如：選擇職涯道路，人們通常會錯誤預測自己未來想要什麼。原因是：人們在未來的動機狀態，很少會和做預測時的一樣。

有的研究甚至顯示，就連達成或未能達成關鍵的

職涯目標後，自己的心情將是好或壞，人們的預測也失準。丹・吉爾博（Dan Gilbert）與提姆・威爾森（Tim Wilson）所做的研究，請正在等候終身聘結果的學院教授預測，自己在得知通過或不通過後六個月後的感受。取得終身職的大學教員，基本上一輩子不必擔心鐵飯碗會消失，也因此終身職是非常重要的審查結果。如同你我的合理猜想，教授們預估，相較於被拒絕，他們在獲得終身職六個月後，將會快樂似神仙。然而，研究人員在審查結果下來六個月後追蹤研究對象，卻發現不論是否拿到終身職，快樂的程度差不多。

所以說，如果你無法預測人生的各個面向，將如何影響你對於工作的感受，也不用太自責。當然，就算你相當清楚你的人生要什麼，未來的事情依舊很難講。狄妮斯是大學教授，平日扛下大量的教學與研究責任，後來和先生領養了孩子，沒想到孩子的健康問題遠比想象中嚴重。狄妮斯於是和學校商量，先不要扛那麼重的工作一陣子，挪出時間陪孩子。在那段工作量減輕的期間，狄妮斯依舊發表論文，但她任職的系所，不肯讓她回到先前能申請終身職的教職，狄妮斯和先生最終換到另一所大學任職。你無法掌控的事，有可能影響你的職涯道路。

你每年評估自己的生涯時，第一個要回答的問題就

是，你是否滿意你的職涯和生活整體整合的程度？你如何看待你獲得的財務報酬？我是奧斯汀大學組織人學程的主任，輔導過許多人士。他們在職涯的早期，投身於非營利部門，但最終不得不另覓薪水較好的工作。他們高度認同組織的使命，但無法靠非營利部門的薪水養家活口，於是被迫轉行。

第二個要問的問題是，你的工作是否帶來你希望的工作與生活平衡？狄妮斯領養孩子後，選擇做工作量不再那麼大的工作。我見過相反的情形，我認識的樂手中，有些人在職涯早期做的工作，只是為了付帳單，用來支撐音樂興趣，但日後把重心放在音樂產業以外的工作，音樂只是嗜好。

萬一你發現，目前的職涯道路既不符合財務目標，也不符合個人目標，不一定代表你就該轉行，但的確該實際一點，好好想一想，如果未來的工作與生活平衡產生變化，這條路日後是否夠有彈性？如果沒有，你會感到失望，也或者你將得讓工作大轉彎。

你對自己的貢獻感覺滿意嗎？

工作另一個可能帶來不滿的面向是你做出的貢獻。很常見的情形是剛出社會時滿腔熱血，但不是你做的每一份工作，都會朝你希望帶來貢獻的方向前進。

　　我和高中朋友聊天，朋友的故事提供了好例子。鮑伯拿到物理學的大學文憑後，進入一間製造研究器材的公司。公司後來被買下，併入另一間公司。鮑伯的職務其實是帶領研發團隊，但公司經常要他訓練其他國家的新團隊，好把工作外包到稅法對公司比較有利的國家。鮑伯最後感覺自己卡在中階管理職，既影響不了組織高層的決定，也無法看到自己主持的計畫大功告成。

　　有一天，鮑伯因為背部受傷，到醫院照磁振造影檢查（MRI）的片子。他開始想，說不定轉行當影像技師，會比做目前的工作還有價值，即便這一行的收入比較低。鮑伯最後取得X光技術的執業證照，他因為同時擁有物理和儀器的背景，還有辦法開證照課程，平日還與教科書作者通信，討論該如何教影像成影。鮑伯轉行後賺的錢變少，但他現在很喜歡去工作。

　　你的技能與機運，或許無法讓你創造想要的貢獻。我是博士生導師，我指導的許多學生當初會念研究所，原因是夢想成為大學教授。然而，在美國的多數學術領域，每年的博士畢業生數量，超過初階的教職數量。學生在研究所快畢業時，判斷自己能否在學術工作的市場上成功，許多人最後選擇到民間公司運用研究能力。

　　你的優先順序可能會隨著時間改變，傑伊決定轉換跑道的例子就是這樣。傑伊任職的公司，專門替希望評

估投資機會的金融企業做研究。傑伊在任職期間碰上公司成長，他也分得勝利的果實，但在四十多歲時得了癌症。他在接受治療的期間，思考起自己的職涯，開部落格分享想法，告訴讀者從事天職比單純擁有一份工作重要（本書第2章提過這方面的概念。）傑伊後來抗癌成功，不久後重返工作崗位，但碰上離開公司的機會，也抓住那個機會。傑伊發現，他希望能從工作中獲得更多意義，最後選擇追尋不同的道路。

你可以調整自己嗎？

你選擇職涯道路時，是在假設自己未來會喜歡做的事。年輕時，你可能喜歡開發新客戶的挑戰。到各地出差，拜訪潛在顧客，帶給你興奮感，因此你感激有機會在全國性的大公司從事銷售工作，工作上屢建奇功。然而，你不會知道的是，你會持續喜歡和新客戶合作與天天出差多久？或許在你整個職業生涯，你都感覺這種生活型態太棒了，但也可能厭倦搭飛機、住連鎖飯店，和大客戶共進晚餐等。

對工作內容與工作步調失去熱情，通常稱為「倦怠」（burnout）。你出現惡性循環，不喜歡自己的工作成果，工作帶來壓力、難過、沮喪等負面的情緒反應。相關感受讓你更無法承受工作上的不如意，你的負面情緒因此

增加，最後不喜歡你必須執行的工作，也不喜歡工作上會碰到的人，也就是你的同事和客戶。結果，你愈來愈難提起勁工作，工作時心不在焉。

當然，不是所有的倦怠現象都需要轉行。你可以利用幾種技巧增加復原力，例如：冥想等正念技巧，可以減輕壓力與焦慮，慢下你對於工作壓力源的反應。你可能會因此覺得，工作其實也沒那麼糟，更有力氣克服困境。

如果你和同事的感情好，也比較能夠撐得下去。當你喜歡一起工作的夥伴，工作就會感覺比較像團隊合作，你不是單獨面對問題。此外，你也可以在工作之餘，從事帶來滿足感的活動，例如：和親朋好友共度時光、追求嗜好、運動等。感到倦怠，不代表你就得放棄職涯，但的確是一項徵兆，告訴你該做點不一樣的事。缺乏動力與隨倦怠而來的「情緒耗竭」（emotional exhaustion），不大可能自動好轉。

現代職場上的人，不大會用完休假。多數雇主都提供有薪假，但通常不會強迫你休息。有的人還以為，不休息可以建立工作勤奮的形象，更會被視為升遷人選，但其實沒人會注意到這樣的犧牲。累積一堆假不休，沒有太大好處。

但是，不休息卻壞處多多。偶爾放下工作很重要 —— 睡晚一點、造訪外國城市、爬山、讀點放鬆的讀

物。休息個幾天，你將更能看清楚工作上碰到的問題。如果你天天都得處理那些問題，你的情緒世界可能都被那些事籠罩。動機腦造成你隨時都在想那些事，休個假，可以協助動機腦甩開那些工作上的煩惱，重新排列重要議題的優先順序。記得要把定期休假，當成維持復原力的固定工具。證據顯示，如果工作真的陷入泥沼，相較於只休不到一週，休個超過14天的長假，將會帶來更大的長期作用。

如果你很努力增加復原力，卻依舊對工作感到深沉的厭惡，此時你可以考慮轉換跑道。不過，第2章也提過，你享受工作的程度，除了部分來自工作本身，也來自你如何把工作連結到更大的使命。尋找其他的職涯機會時，記得留意對方的公司使命，是否與你的價值觀起共鳴。你的下一份職涯工作，理想上將是你喜歡的，還要能讓你有機會替你重視的領域貢獻心力。

你的條件支持你嗎？

你決定轉行是好事後，事情還沒完。你大概碰過很多這種人：宣稱恨死自己的工作了！但不曾採取行動。你決定轉行後，需要擬定未來的計畫，還需要獲得身旁的人支持，才有辦法採取行動。

你大概會需要收入，除了養自己，還得養家。換跑

道之前，你得先和家人談可行性。你有辦法辭去工作，接受二度培訓，存款還是夠生活嗎？轉行如果需要你回學校重新取得學位，你有辦法負擔嗎？你有辦法從新公司的食物鏈底層，再度從頭爬起嗎？我和前文提過的鮑伯聊，鮑伯說自己能如願轉換到收入較低的職涯，原因是他和妻子原本就選擇不生孩子。

剛才舉的幾個問題，你的答案有可能是沒辦法。如果沒辦法，那你應該把心力放在前一節提到的增強復原力的技巧，盡量讓工作變得可以忍受。

不過，本書在很開頭的地方也提過，轉換跑道在今日愈來愈常見。相較於三十年前，跳到新領域不再是那麼大的問號，比較不需要和從前的工作者一樣，需要費盡脣舌向潛在雇主解釋，為什麼你要轉換職涯。

光是決定要做出職涯改變，不代表你一定得辭去目前的工作。如果你心儀的新職涯要求新技能，你可以考慮繼續工作，用下班時間上課或取得新學歷。德州大學的組織人碩士班課程，有大約四分之一的學生，正在尋求某種職涯轉換，其中許多人取得文憑後才轉換跑道。珍妮就是那麼做的，她在註冊課程時有意轉行，接著在畢業後的六個月內找到新工作，在社群網站上告訴大家那是「史上最棒的工作」。

另一條路是和職涯教練合作，找出你想擔任的職位

要求哪些技能。你可以慢慢來，把不足的地方補起來，方便未來轉職。如果新的職涯道路要求證照，這點尤其重要。

你或許會覺得最好不要讓目前工作的地方，知道你的計畫。或許你的確應該保密，如果你認為組織不會支持你，甚至會找理由開除你，那就別讓人知道你正在準備轉職。

不過，讓同事知道你的計畫，也會有好處。首先，你的工作態度可能改善，因為你知道目前這份工作只是暫時的。不論是什麼樣的情境，人們會沮喪的一大原因是感覺無能為力。當你感覺無從掌控自身的情況，你的復原力和動力會下降。當你能夠掌控未來的職涯，目前的工作帶來的沮喪感，有可能減少。

況且，同事支持你換工作的程度，可能超乎你的想像。如果是同事想換跑道，你八成會祝福他們，所以你的同事大概也會祝福你。說不定，他們認識的人，有人可以幫你一把。

我該尋求升遷嗎？

任何職涯都會碰上一個關鍵的決定點：是否該尋求升遷。英文有一種講法叫「沒前途的工作」（dead-end job），指的是如果你無法在組織內部往上升，你是在浪

費時間。本節將討論在組織裡前進的前景，先看是否考慮要追求晉升，再看步步高升的策略。

決定往上爬：升職與加薪

首先，別忘了，「職涯發展」（career development）與「職涯晉升」（career advancement）是兩回事。「職涯發展」包含學習與工作有關的新技能與新知識，嘗試新事物。你有可能在缺乏升職機會的前提下發展職涯，例如：假設你在社區開了一家咖啡店，你是老闆，所以沒機會「升官」，但有可能一開店就是三十年。在這三十年期間，你學習新技能，例如：如何向客人介紹產品；如何與員工共事，還要激勵他們，訓練他們。儘管你沒有任何「升遷」機會，那聽起來是充分發揮聰明才智的職涯。

如果你正在考慮要不要更上一層樓，先找出你有哪些職涯發展的機會。第5章提過，如果公司提供課程，或是贊助外部的訓練，那就好好利用。和主管、導師談如果要升職，你需要具備哪些技能，當你還在做現有工作時，就想辦法培養那些技能。充實自己不但能夠加快升遷速度，還能夠展現出你的企圖心，組織在考慮升職人選時，經常會把態度納入考量。

當然，也不要太著急，你得先在目前的崗位上拿出

好表現。有的人初出茅廬，就等不及要獲得責任更多、名稱更好聽的職稱。他們感覺相較於高階職位做的事，自己目前的工作像是在打雜，也因此做事馬虎。然而，組織階層的高階職位，通常也需要了解基層工作的技術，有時甚至得精通。

組織裡的晉升有兩種：技術型與管理型。有的技術型工作，以及有時組織內的技術職晉升管道，將給你更多執行任務的責任。基層的銷售工作，大概會負責數量較少的客戶，老鳥也更會從旁監督。如果是資深的職位，你負責的範圍或區域會擴大。微軟（Microsoft）提供技術職的階梯，程式設計師與工程師得以接下專長領域中更多的專案責任。

你們公司的技術職，或許沒有很長的職涯晉升階梯，但幾乎一定都有管理職的升遷管道。人們通常會從入門職位爬起，每天負責的職務，倚賴一套特定的技能與專長，接著爬上管理職，技術方面的工作量減少，營運方面的工作增加。從前的假設是，領導者或管理者能有效帶領公司的程度，與領域的專業技能無關。舉例來說，典型的MBA課程招收的學生年齡在25歲至29歲左右，很少人能在那個年紀，就擁有某個領域的大量技術專長。如果管理職需要另一套技能，的確該取得高等文憑，以求進入管理升遷管道。

　　然而，更為近日的研究顯示，優秀的領導者與管理者，一般在自己的專長領域，其實也擁有技術能力。對組織的特定目標如果沒有一定的了解，很難設計出實際可行的策略。如果你不清楚員工的職務內容與流程，你很難指導他們，因此你若是希望擔任管理人員的職務，同樣需要培養技術能力，留意組織內部究竟是如何執行工作的。

　　做出升遷抉擇時，要回答的下一個問題，將是你願意付出多少的人生歲月？升職會帶來新責任，需要你付出真正的時間，也需要付出心理時間。升職後，可能會開會開到很晚、經常出差，或是碰上其他需要延長工時的事，工時彈性可能比現在還少。升遷很少會讓工時縮短。

　　此外，更高的職位也會讓你的工作變得更需要勞心，下班也得繼續煩惱。你會被要求處理棘手問題，包括需要深思熟慮的企業議題，或是不處理不行的人際問題，甚至連公司的硬體設施，可能也歸你管。薇薇安升到主管職的第三週，半夜被電話吵醒。辦公室大樓的外牆被大肆塗鴉，她得和物業管理員合作，配合地方警察調查，天亮又得上班。

　　不論是哪種情況，布魯馬・蔡格尼（Bluma Zeigarnik）和瑪麗亞・歐西齊納（Maria Ovsiankina）1920年代的研究顯示，處理問題時，動機腦會讓那個問題一直在認知

腦活躍，因此就算下班了，你還是會一直不停想著那件事。你得做好心理準備，不論你願不願意，你的位階愈高，工作就愈容易一直占據著你的記憶體。

考慮晉升時，最後一項重要考量是薪水，不過錢通常是人們第一件想到的事。你大概和大家一樣，假設隨著職涯愈走愈遠，薪水與購買力也會持續升高。不滿意薪水，通常會讓人想要升遷，然而我放到最後才討論這件事，是因為薪水無法帶來長遠的快樂或工作滿意度。「享樂適應」（hedonic treadmill）的研究顯示，一旦滿足了食、衣、住等基本需求，加薪或升職帶來的快樂會減少。加薪可以帶來短期的快樂與滿意度上升，但幾個月後，你就會習慣新一階的收入，又開始期望下一次的加薪或升職。

如果你對新職務帶來的使命或任務不感到興奮，再多錢也不會帶來滿足感。比較理想的做法是：讓生活方式符合你的收入，而不是尋找薪資符合你目前的欲望程度的工作。

話雖如此，如果你在某個職位已經做了好一陣子，感覺薪資和你的付出不成比例，或是你發現辦公室有薪資不平等的現象，也或者對手公司給予類似職位比較高的薪資，你住在生活開銷高的地區，入不敷出等，這些都是和你的上司或人資談加薪的好理由。

替自己爭取權益，可能令你感到彆扭。親和性高的人在這方面特別吃虧，因為你希望別人喜歡你。你擔心提出要求後，別人不曉得會有什麼回應，也因此開不了口。提莫西・嘉舉（Timothy Judge）、貝絲・李文斯頓（Beth Livingston）、查莉斯・赫斯特（Charlice Hurst）所做的研究發現，親和性低的人賺的錢，一般高過親和性比他們高的人——雖然親和性低也比較容易被開除。

如果你覺得薪水有問題，那就想辦法加薪，因為不滿會漸漸化膿，你將對組織愈來愈不滿，想要另謀高就。就算你沒提，公司也幫你加薪，加薪幅度可能低於你理想中的數字。雇主無法讀你的心，如果你想要或認為某樣東西是你應得的，你應該開口，公司才有辦法滿足你的需求，或至少和你談公司能夠做到什麼程度。

如果你的確要和公司談加薪，事先要做好功課。首先，釐清誰有權替你加薪，因為那個人不一定是你的主管。第二，如果你在意公司其他人領多少錢，一定要確認資訊是正確的。你如果指控雇主虧待你，結果只是謠言，完全沒那回事，那可就糗大了。如果你認為你的薪水低於同業，那就研究以你的資歷來講，業界平均給多少錢，找出證據。你替加薪討論做的準備愈多，你提出的要求就愈站得住腳。

管理你的動力

如何管理你對於升遷的動力？雖然你真的很想試試看，但上司說還早，你還需要多一點磨練才行。或是反過來，你知道差不多到了職涯的升遷時間點，必須擔任更高階的職務，但其實你不大想升上去，此時該怎麼辦？

第8章談過縮短差距與產生動力的關聯。研究顯示，考慮在組織往上爬的時候，那項原則同樣適用。關鍵是如果你想暫時待在原本的工作，那就知足常樂。如果你想給自己往上爬的動力，那就製造不滿。這個策略與本章先前提過的建議有關：如果不得不留在不喜歡的職涯道路，那就保持樂觀向上的精神。

專注在你目前的職務可以做到的成果，會讓你感覺事情也沒有那麼糟。回想一下自己哪些地方做得還不錯、你幫助過誰、你如何替組織的使命做出貢獻？想著這些事，可以讓你珍惜目前的工作，開心自己做的事。

製造不滿情緒的方法，則是想著自己尚未在職涯中達成的事。想一想你依舊想做出的貢獻，如果繼續待在目前的職位，不可能成真。想著那些你不得不做、但希望交給別人去做的工作，相關的念頭會讓你不滿於目前的工作，讓你有動力考慮其他的可能性。

原則是：知足就不會想要變動，不滿則會有動力追

求新目標。

善用人脈尋求新職位

在公司工作的第一天起，你就該觀察其他職位，好好了解一下你們的組織架構圖。如果你知道該請誰支持計畫或取得資源，你知道決策是如何制定的，就有辦法以更有效率的方式，取得你要的東西。此外，如果你了解其他人的工作內容，有助於你思考其他的職涯道路。

第5章談過導師制度，在許多師徒關係中，其他人給你建議，教你如何處理工作。光是聽組織裡其他人談論日常工作，就是很寶貴的資訊，有可能以各種方式讓職涯有進展的模式。你可能留意到令你興奮的選項，不過有時則會發現到，幻想中的完美工作，有一些不適合你的元素。

讓你的人脈有機會幫你找出下一個最適合你的職位。認為你做事能幹的人，通常有興趣協助你達成目標，但他們不大可能突然間問你：要不要換工作？所以，如果有意更上一層樓，你得主動讓他們知道。

海瑟（和第4章提過的海瑟不同人）在某大型金融服務公司待了超過12年，公司喜歡讓員工在不同領域累積經驗，因此海瑟做好準備之後，讓幾個人知道自己有意換工作，突然間「所有人都跑來」建議她可以去的職

位。海瑟靠著這個方法，每隔幾年，就順利在組織內找到新職位。

你的人脈讓你在爭取某個職位時，相較於其他應徵者占有很大的優勢。不論其他人選的書面資料看起來多優秀，都很難跟徵人的主管已經很熟的人選搶位子。首先，徵人的主管可以想像和你共事是什麼樣子，他們已經有過經驗。相較於寄履歷給不認識的人，如果你是受邀申請某個職位，你更可能拿到那個位子。

我該離開嗎？

前文提過幾次，相較於在同一間公司爬到更高的職位，今日更常見的情形是跳槽。要如何決定哪個是最好的選擇，是在目前的公司往上爬？也或者該換到其他公司？

你該考慮自己的公司，是否有合適的職缺。在職涯的早期，你通常會有許多升遷的選擇，但升到一定的程度後，就愈難在組織內部有其他機會。以星巴克（Starbucks）、百思買（Best Buy）、居家修繕勞氏（Lowe's）等有大量分店的零售連鎖店為例，這類企業起先提供流動的機會，你有可能升上管理職，負責某家分店，接著有可能升成熱門分店的管理者，但再上去的職位就很少了，只有區經理級或公司總部的職務。有志於高階管理的人，有可能得苦等開缺，或是考慮換一家公

司。許多大型組織一般都有瓶頸，不大容易進入高階管理職位。

　　吉姆替某金融服務公司工作，他告訴主管自己有意角逐管理職，但上面的人讓吉姆知道，那些位子的競爭很激烈，他得做好必須等十年左右的心理準備，才有機會升職。吉姆應徵了公司內部的幾個職位試水溫，最後決定跳槽到另一家對他的才能感興趣的企業。

　　你在考慮是否要留在現在的公司時，應該回顧你的核心價值觀。我們在第2章討論過這個概念，如同前文所述，你的價值觀會隨著時間改變，組織的價值觀也是一樣，有可能改變。有時，你一開始以為組織具備某些價值觀與使命，但在裡面工作後，才發現實際情況不大一樣。如果你個人的價值觀與組織的價值觀產生分歧，可以考慮到其他志同道合的公司效勞。

　　到了職涯的某個階段後，其他公司的人可能會開始接觸你，希望招募你。管道可能是你的社交圈，獵頭公司也會聯絡業界成功人士，了解他們是否有興趣跳槽。突然有人要挖你，你會感到受寵若驚，聽聽外面有哪些機會總是好事，但如果你離開公司的意願不高，你在決定是否要接觸其他可能性時，可以和上司坐下來談一談你的未來，告訴主管別家公司對你有興趣，談談你的職涯抱負。有時當你真的可能離開公司，公司會比較認真

看待你的目標。

不過，不論你是被挖角，或只是想要了解一下就業市場的情形，要小心你開始考慮跳槽時認知腦會發生的事。你可能認為，你評估工作選項時，衡量的是每一份工作的資訊，例如：薪資、福利、職責等，找出綜合分數最高的選項。然而事實上，資訊在你心中的比重，將隨著你對職缺的興趣多寡變化。

第4章提過，盧索等人所做的研究顯示，如果你已經認定某個職位很理想，你會看重符合那個印象的資訊，忽視不符合的資訊。換句話說，你看重的選項元素，將符合你的偏好。如果你比較想留在原本的公司，留下的好處會被放大，離開的好處會被低估。反過來說，如果你傾向離開，你會突然發現，新職位有好多地方勝過目前的工作。

這種心理學上的「趨同」現象，將帶來三種影響。第一，你在考慮是否跳槽時，心中會感到十分動搖，開始留意現在工作的地方一切的問題，突然間覺得比以前更看不順眼了。你評估目前的工作時，判斷力將受到你有意離開影響。

第二，新工作感覺起來會比實際情形誘人。招募人員大概會強調在他們公司工作的好處，不會提缺點。

第三，你在評估新工作時，先前的工作經驗會帶來

偏見，原因與第4章提過的「結構比對」過程有關。還記得嗎？在比較選項時，你會比較選項之間「可對比的差異」（兩者之間對應的元素），不會去看「無法對比的差異」（兩個選項各自獨特的地方）。也就是說，如果新工作具備你目前的工作沒碰過的元素，你關注那個元素的程度可能不夠高，導致你忽略新職位的缺點。換工作的結果，可能只是從一個坑，跳到另一個坑。

　　這樣的比較方式，會帶來「外國的月亮比較圓」效應（grass is greener effect）。你熟知現任雇主的缺點，但不清楚會在新組織碰上的問題。避免日後失望的方法，就是先有心理準備，新工作真正的理想程度，很少會和你決定是否要跳槽時的感覺一樣。如果你真的換工作了，一定會碰到出乎意料的問題。

　　不過，這段話的意思，並不是你不該離開，只是你要有自覺，你在評估新職位時，八成把事情想得太美好。

爵士腦：

那是誰的歌？

爵士有許多翻唱曲 —— 翻唱是指原歌曲的不同版本，通常最初是由別人錄製。樂手有可能在一個樂

團學到一個版本，換到另一個樂團後，演奏同一首歌，這種做法通常受到允許。（當然，如果你錄製別人寫的歌拿去賣錢，那就要註明創作人，還得支付版稅，通常是透過BMI或ASCAP等組織提供的服務處理相關事宜。）

然而，商業世界的規則不一樣，有的創作屬於你，有的屬於雇用你的組織。你選擇跳槽離開舊東家時，所有權變得特別重要。

你必須同時處理法律與倫理上的議題。從法律的角度來看，談新工作、離開原雇主時，你得釐清哪些東西屬於你，哪些屬於你的公司。如果你從事銷售或其他需要經營顧客的工作，你有哪些法律上的義務，必須把顧客名單留給原本的公司？在什麼程度上，你可以帶著那張名單跳槽？在你讓渡權利之前，可能得雇用勞動律師研究合約。此外，如果你是在某間公司的任職期間，開發出智慧財產，絕對要釐清擁有者是誰，你能否帶著那項智慧財產跳槽到新工作？

你也得思考你對公司負有的道義責任，包括原東家、顧客與客戶。在醫療與法律等行業，執業者

與客戶的關係高度個人，也因此許多專業人士會提醒客戶自己將換到新東家，讓他們選擇是否要一起跳槽。然而，有些銷售工作則是你開發顧客與客戶時，利用的是公司資源，背後有其他同事和公司開發的制度與流程協助，直接把人帶走似乎違反道德原則，即便法律上無法可管。

重點回顧

你的大腦

動機腦

- 人類無法準確預測負面事件對未來的快樂造成的影響。

- 焦慮和壓力會讓人更難忽略工作上發生的不愉快。

- 覺得自己有辦法做點什麼，就不會對情勢感到那麼不安。

- 尚未完成的工作，會占據大腦的注意力和記憶，因為目標維持在活躍狀態。

社會腦

- 工作上有親密的戰友，你將更能面對挫折。

認知腦

- 日後的情況和目前的情況一樣時，最能預測自己未來的態度。

小訣竅

- 如果你錯估自己的人生未來要什麼，或

是無法做到你希望帶來的貢獻,你會對職涯感到不滿。

- 和同事打好關係是當務之急,這件事比你想的還重要。

- 定期休假。去吧,你回來的時候,該做的事都還會在。

- 如果你不滿意職涯道路,可以考慮接受轉換跑道需要的訓練。

- 和同事分享你的計畫,他們可能幫得上忙。

- 「職涯發展」與「職涯晉升」不一樣。

- 不要急著想要升官。

- 領導同時需要技術專長與其他能力。

- 錢很重要,但加薪帶來的快樂並不持久。

- 學會開口要求你需要的東西。

- 如果要滿意目前的職位,那就想著自己做得好的地方。如果要激勵自己往上爬,那就想著尚未達成的事。

- 觀察其他人的工作內容,留意找出機會。

- 你可能得跳槽,才有辦法往上升。

- 如果你開始留意別家公司的工作機會,

要小心「趨同」效應，那可能導致你覺得外面的世界比較美好。

- 決定跳槽後，要小心你能從原雇主那裡帶走什麼，哪些不行。

10
適合你的，
才是真正的好職涯

　　本書的開頭談到定義職涯有多困難，部分原因出在對認知腦來說，職涯屬於所謂的「目的性類別」（ad hoc category，又譯「專門性範疇」。）這個詞彙由心理學家賴瑞·巴薩隆（Larry Barsalou）提出，他留意到，人們會在心中建立分類，例如：「瘦身食物」──芹菜、胡蘿蔔、零卡汽水；「家中失火時要搶救的東西」──孩子、寵物、全家福照片等。你的職涯則是屬於「我在工作生活中做出的貢獻」這一類。

　　巴薩隆發現，人們評估某樣東西的依據，是那樣東西有多接近所屬的「目的性類別」的理想定義。人們評估一個類別的好壞，則是依據類別成員的共通性質，此時是在比平均或比「原型」（prototype）。舉例來說，「鳥」是依據特徵來分類，能否納入「鳥」這個類別，看

的是一般的鳥類成員特徵。對多數人而言，知更鳥、麻雀等小型鳴禽被算在內。這些鳥有羽毛和翅膀，還會唱歌、飛翔、築巢。相像的鳥兒會被當成那個類別的好例子，企鵝與鴯鶓等不相似的鳥兒，不會被歸進去。理想的瘦身食物美味但卡路里低，愈靠近這個理想的食物，愈會被當成好的瘦身食物。

人們對於什麼叫「理想職涯」，也有一套想法。許多人認為，「理想職涯」包含前前後後幾個他們熱愛的工作，每變動一次工作，職位愈來愈高，薪水、影響力、自主性同樣步步高升。絕大多數的人大概會依據自己的職涯有多接近這個理想，來判斷這段職涯好不好。

然而，你的職涯不一定會在任何層面上符合這個理想 —— 你大概也不該當成理想。你在經營職涯時，追求目標要有彈性，如果其他人依據世俗的理想來評論你的職涯，不能讓那些聲音過分影響你如何做決定，重點是：適合你的職涯，才是真正的好職涯。

本章將探索幾項因素，可能左右你經營職涯的能力。一開始，會先談如何增進職涯滿意度，檢視如何在新的工作地點或新職務，培養良好的人際關係。接下來會談更廣的主題：在你一生的職涯中管理人脈。最後，會談如何面對裁員與降職等重大挫折。

耐心經營你的職涯，自我比較就好

第2章提過，預先決定不走哪些職涯的規劃方式會有問題（你的人生故事也一樣），因為你很難事先評估出自己將帶來的貢獻。此外，前文提過的「經驗開放性」這項人格特質，也會讓你不斷然拒絕，願意考慮新冒出來的可能性，不會因為不符合你為自己想像的未來就不考慮。

對職涯的進展要有耐心。我們活在步調快速的世界，隨便一找，就有一堆證據顯示，別人正在拿出比你更好的表現。不論你身在哪個領域，總會有人賺的錢比你多，年紀輕輕就比你成功。你的社會腦會不斷地和別人做比較，現代的社群媒體環境更是讓人逃不了比較。

「社會比較」（social comparison）有兩種：向上比較與向下比較。向上比的時候，你比較自己（你的成就、工作、財產等）與某幾個面向比你優秀的人。向下比的時候，你看著不如你的人。

雖然「比上」和「比下」都是很自然的行為，但對經營職涯來講，兩者的用處都不大。「向上的社會比較」會讓你心情不好，當你的成就比不上別人時，你努力的成果會令你感到心情低落。雖然你會被刺激到，更努力達成目標，但通常只有你拿來比的人和你很類似時，例

如：在同一間公司上班、做同一階工作，才會有好的激勵效果。差異愈大，你會愈洩氣，覺得不管再怎麼拚都比不過。

「向下的社會比較」則通常會讓你沾沾自喜——不過，第8章和第9章也提過，自滿不大會帶來動力。和比自己差的人比，可以讓你心情好，但無法協助你經營職涯。

「自我比較」（self-comparison）則是重要的激勵工具，也就是比較「現在的自己」與「過去和未來的自己」。你假設「未來的自己」會和「現在的自己」相去不遠，但成就變多。想像一下這樣的「未來的自己」，會讓你有動力追求目標，不會忙著懊惱人生早該做到的事。

全俊奭（Junseok Chun）、喬爾·布洛克納（Joel Brockner）、大衛·德克雷默（David De Cremer）所做的研究顯示，由你負責評鑑他人的時候，能讓人比較有動力追求進步的比法，將是比較人們目前的表現與他們過去的表現，而不是比較他們目前的表現與別人的表現。此外，相較於被拿去和別人比，人們會感覺「比較不同階段的自己」的評鑑方式較為公平。

對職涯要有耐心的另一項重點是，要以「正確」的方式定義成功。別忘了，你在職涯中做出的貢獻，帶有激勵效果，但那只是一時的，不會永久。如同你一下子就會習慣薪水增加，你很快就會適應你達成的特定目

標。雖然成功做到一件事會讓你心情愉悅，那種美好的感受一下子就會消失，變成只是理所當然的事。

影響日常滿意度的因子，才會帶來工作上的持久良好感受。第2章提過，把工作當成天職或使命的人士，快樂程度一般高過不這麼看的人，主要原因是他們的每一個工作天都充滿意義。因此，定義成功的職涯時，主要該看你如何做工作，而不只是看結果。

你在定義什麼算是「成功」的結果與過程時，記得要保持一定的彈性。幾年前，我和一位資深同仁聊，為什麼另一位教授那麼不快樂，那位教授是我們共同的朋友，在一流的研究型大學有著一份美好的工作，發表過很多論文，很多人在讀，被科學界引用的次數也多。這位教授能達成這樣的境界，理論上應該很快樂才對，不過就像我同事說的：「如果你人生的唯一目標，就是當上哈佛大學地位最崇高的首席教授，那麼你得是哈佛的首席教授，要不然就是輸家。」如果你對於成功的定義，極度集中在一個明確的結果，有時可能是不可能的任務。

如果你對職涯感到不滿，那就看著自己的生活，問要是換了別人，他們是否會開心過這樣的生活？換作別人碰上你人生發生的事，你會怎麼看？如果你認為換作別人，別人會相當滿意這樣的生活，你卻不滿意，請仔

細檢視你為什麼會不滿意。如果你一心一意鎖定某個結果，但一直沒能成真，或許你該放棄那項成功的定義。改變自己對於成功的標準或許不容易，但是做得到。

這項策略與一則伊索寓言有關：有一隻狐狸一直往上跳，想摘一些葡萄來吃，但怎麼樣都搆不到。一氣之下，狐狸說：反正那些葡萄八成是酸的，吃不到也沒差。「酸葡萄心理」一詞，通常被當成負面的行為，自己做不到，就說東西爛。然而，如果有些結果是你無法做到的，你因為渴望那些事，因而對職涯心生不滿，甚至連工作都不想做了，那麼貶低那些事，也不失為一種好方法。或許，那些葡萄的確是酸的。

和新同事打好關係

你在一生的職涯中，大概會多次變成團體中的新人，你可能跳槽、換工作，或是接下組織中的新責任。

工作要有效率，通常得靠快速與同事建立融洽的關係。第3章提過「光環效應」：人們要是整體而言對你有好印象，就會從最善意的角度解讀你做的事，你犯錯時也比較容易原諒你。也因此加入新團體時，目標就是以最快的速度融入鄰居。別忘了，一開始你會被當成陌生人對待，人們還不認識你時，不曉得你可不可靠，你得證明自己值得信賴。

　　贏得信任的第一步，就是觀察其他人做的事，了解對你加入的新團體而言，什麼樣的行為才是「敦親睦鄰」。有的團體喜歡搶著做事、懂得幫同事忙的人，有的團體則是討厭你太積極，即便每個人的目標都是希望組織能夠成功。有的團體高度具備競爭精神，你要是展現出一定的企圖心，大家會認同你的確是團隊的一員。仔細觀察你新加入的團體有哪些社會規範，用你的同事會喜歡的方式帶來貢獻。

　　此外，你贏得信任的方式，也要配合你的位階。如果你進入團體時，負責的是相對低階的職位，你要專心完成別人交辦的任務。碰上自己不熟的工作，懂得請人協助。如果事情都做完了，不確定接下來要做什麼，那就詢問你可以如何幫忙，不要等別人叫才做事。

　　如果你擔任的是團體中偏向監督的職位，贏得信任的方法就是聆聽人們的關切，只承諾自己真的辦得到的事。替你工作的人想知道，你是否把力氣用在你答應會做到的事。他們想看到你向上級據理力爭，也想看到你碰上不認同的事，還是會繼續堅持下去。總會有人抱怨你做的決定，每個人都在觀察，是否會吵的孩子才有糖吃。你若能以透明的方式溝通你的決定，將能在團體中建立信任感。此外，部屬碰上麻煩時，你要是願意站出來支持，人們將會對你忠誠，支持你提出的計畫。

建立良好的第一印象很重要，但你不一定總是成功。你可能會說錯話，或是急於證明自己對團體有價值，結果表現過頭了。你可能在最初的案子上，把話說得太滿，卻沒拿出足夠亮眼的成績。

學著修補一開頭不順利的關係很重要，最好的辦法就是直接處理問題。當關係弄僵時，你的自然反應是逃避和對方談。在許多社會情境下，不火上加油是良好策略，然而在職場上，即便是你（還）不大喜歡的人，你依舊得和他們合作。

和你處不好的人找時間見面，看是單獨見面，或是一小群人見面。第一件事，就是道歉你做的事讓他們失去信任。理想的道歉有四種元素：

1. 第一，明確表明你要道歉，也就是說出對不起。
2. 明確指出自己做錯的事，光是含糊籠統的說詞（「有一些錯誤」）還不夠。人們想見到你承認自己做了什麼事，他們才能有一定的信心，你是真的知道你在試圖修補什麼。
3. 承諾你會改變自己的行為，絕不重蹈覆轍。
4. 明確說出你將採取哪些行動，解決你過去的行為帶來的問題。

事情鬧得很大時，這樣的道歉能夠有效止血。我工作過的大學，曾有高層在另一半幾次跟著他出差時，違反

購買機票的規定。那是個小小的道德瑕疵，由於這件事涉及他的配偶，也因此買機票的不恰當程度不明顯，雖然在媒體的報導下看起來很嚴重。即便如此，這位高層立刻對外致歉，詳細解釋發生了什麼事，為那項行為承擔責任，保證絕不再犯，也立刻把機票錢補回去。這件事因此沒造成任何長期的負面影響，這位高層並未下台。

如果你和要修補關係的人見面，聽他們說出心聲時，千萬不要替自己辯護。試著把對話的重點擺在未來，談你將怎麼做，改善你和他人的關係。如果你希望同事未來能夠改變行為，你要以明確的方式提出。如果你是新人，可能還搞不清楚團隊做事的規矩，要是一開始就和大家處不好，補救的方法是請同事明講，你做了哪些令人不順眼的事。

想要在新團體建立良好的關係，需要一定程度的練習。有的人似乎天生就能和大家打成一片，有的人則是需要培養這種能力。如果人際關係是你的罩門，可以考慮找導師或教練，請他們指點如何融入團體。你甚至可以和導師進行角色扮演，主動練習處理人際關係。

管理你的社交網絡，和前同事保持聯絡

你的職涯持續前進時，和共事過的人保持聯絡是理想的做法。即便你已經不再天天都和某個團隊一起工

作，不代表你的人際網絡已經不包含過去的同事。

如果你跳槽，維持過去的人脈似乎特別困難，畢竟你離開，八成讓不少人失望，即便換公司在今日已是稀鬆平常之事。不過事實上，離開通常不會被視為背叛。證據顯示，離開公司後又回來的人數正在上升，回鍋族愈來愈多。至於能否成功回鍋，要看你是否和前同事組成的社群保持關係，感情愈好，愈可能回頭。

首先，你和共事的人必須一起成功，要讓組織成功，也讓個人能成功，達成職涯目標。人們和同事一起工作時，主要認為自己的身分是同一間公司的成員，也因此離開公司的人，從內團體（in-group）變成外團體（out-group），造成關係出現距離，弱化希望見到前同事成功的程度。

你的認知腦把人以許多種方式分類，不會光是因為你或別人離開現任公司，就無法把前同事當成廣義社群的一分子。提醒自己，前同事是你關心的人，你樂於見到他們成功。

即便你不曾再回到以前工作的地方，依舊可以想辦法與那間公司或前同事合作。今日的企業經常需要與對手攜手合作，達成各自單打獨鬥無法完成的大型目標，這種情形有時稱為「競合」（coopetition）。

和對手建立聯盟不容易，尤其如果你不確定能否信

任另一家公司時。推動這樣的聯盟,將需要簽訂合約,而缺乏信任會妨礙必要的合約協商。然而,如果好幾個人同時在兩家公司都待過,他們的合作史可以提供更多的競合機會。和前同事維持關係,未來或許能促成對你的新公司和舊東家來說都有利的事。

所以,你應該避免說舊東家的壞話。你可能以為,講另一間公司的是非可以討好新公司,但這其實會帶來兩種問題。你講的前同事的事,有可能一路傳回去,破壞你與他們的關係。此外,如果人們覺得你這個人會講前同事的壞話,他們會假設你遲早也會開始講自己不好。

如何處理職涯的重大挫折?

本書已經到了尾聲,你應該已經知道,即使你什麼都做對了,盡心盡力,也懂得修補錯誤,協助他人,和鄰居維持良好的關係,職涯總是起起伏伏,事情總有出錯的時候。你可能績效分數被打得很差,主管可能不管你再怎麼努力,就是不喜歡你。或是不管你的團隊做得再好,公司還是可能倒閉。你可能碰上經濟不景氣,不幸被裁員。

請你務必記得一件事:職涯不一定永遠朝著相同方向前進,你有可能進兩步、退一步。相較於你如何規劃職涯,你如何面對職涯中的逆境,更會影響最後的成敗。本

節將討論如何處理負面結果帶來的情緒，探索如何在逆境中學習，最後還會談被裁員後找工作的幾個面向。

悲傷：如何快速走過五階段

即便你已經預期工作會發生不好的事，等事情真的發生時，一般還是會感到措手不及。艾德在頂尖大學當助理教授，論文發表紀錄很不錯，但同仁告訴艾德，他還是有可能拿不到終身職，鼓勵他爭取更多的研究經費，看看有沒有其他大學要聘他，增加升遷的籌碼。艾德沒聽勸，大學評估他的申請後，沒給他終身職。之後好幾年，艾德依舊對校方的決定感到憤怒又沮喪。雖然他後來在其他大學找到新工作，但不再參加專業會議，研究生產力下降。儘管事先已有各種警訊，艾德沒料到真有壞結果，惡運臨頭時，沒能好好處理。

碰上重大打擊，大概會造成你的人生故事出現了裂痕，你計畫中一路向上的職涯方向中斷，擔心親朋好友對你會感到失望。

你大概聽過悲傷有五階段。伊麗莎白・庫伯勒—羅斯（Elisabeth Kübler-Ross）訪問末期病患，發現人們通常會走過「否認」（denial）、「憤怒」（anger）、「討價還價」（bargaining）、「抑鬱」（depression），最後是「接受」（acceptance）。不是每個人都會走過全部這五個階

段，但這的確是經歷重大人生挫敗的人士常見的模式，例如：失業、職涯道路中斷等。

　　由於失業或降級會打亂人生故事，你需要給自己機會，重新說出故事，解釋為什麼會發生這樣的事，並且接受它。我在德州大學的同事傑米‧潘尼貝克（Jamie Pennebaker）所做的研究顯示，相較於沒書寫的人，把困難遭遇寫下來，不但感受到的壓力比較少，還比較不常因為重大疾病就醫。你應該承認失業帶給你很大的衝擊，你需要面對這個打擊。在遭逢失去後的那幾週，寫下發生的事與你心中的感受，寫個幾次後，你會更能接受事實，往前走。

　　此外，你也應該盡量向親近的人透露發生了什麼事。失去工作會帶來罪惡感與羞恥感，罪惡感是一種內心情緒，你對自己做的事感到不安，羞恥感則是一種外部情緒，你對別人會怎麼看你做的事，或是發生在你身上的事，感到不舒服。

　　你可能因為兩種原因，在失業後感到羞恥。一種原因是你向別人炫耀過工作，也因此失去那份工作令你感到丟臉。碰上這種情形，你將得面對你知道有可能因為你先前的舉動而批評你的人。雖然聽起來很難，但最好的解決辦法就是直接說破，承認自己先前太過招搖，這下子打擊特別大。原本不會同情你的人，反而有可能因

此在情感上支持你。

　　你會感到羞恥的另一個原因，在於你猜想別人對你發生的事會有什麼反應。就算沒有證據，你可能覺得別人在背後議論你，如果是這種情形，那就好好拍拍自己。如同工作時犯錯的對策，你應該想像，如果是親朋好友透露他們丟了工作，你會有什麼反應？別忘了，評估個人狀況時，想成發生在別人身上，可以幫你把事情看得更清楚。我們通常寬以待人，嚴以律己，你遭逢損失時，其他人通常會替你加油打氣。相較於獨自承擔，有人一起難過時，你遠遠較能承受情緒上的失落，繼續走下去。

　　在這方面，社會腦起作用的地方涉及性別差異。由於種種原因，發生不好的事情後，男性遠比女性更不可能尋求支援。如果你是男性，在工作上遇到問題，你可能得克服這種天生的傾向。此外，如果你的男性友人、親戚、同事碰上不幸的事，你可以考慮主動提供協助，因為對方可能開不了口。

　　承認失業讓自己情緒大受打擊很重要，因為你在悲傷狀態下感受到的許多情緒，會讓你很難往前走，例如：憂鬱可能導致你不想動。憤怒一般不會讓人能夠專心想著未來，而是忙著把矛頭指向人或組織，認為都是別人害的。處理好你的悲傷後，就能夠重新振作，設法

找到新工作或新的職涯道路。

此外，各種研究證據都顯示，失業會帶來身心方面的健康問題，因此一定要向外求助。在找到下一份工作前，和親友一起排解失業壓力，從事健康的行為。

正視問題或情況，重新站起來

職涯受挫後，繼續前進的方法，就是為已經發生的事，負起該負的個人責任。如果是你的不足之處帶來了問題，那就想辦法加強。此外，你也得實際一點，正視這次的挫敗對職涯造成的影響，才有辦法開始找下一份工作。

有的挫折源自你做的事，你可以改變做事的方式。你可能犯下代價很大的錯誤，疏忽了小細節，也可能是與同事不合。你必須從實際的角度評估該如何改善，以免未來再度落入相同下場。回顧你的績效報告，認真看待你得到的負評。如果公司提供離職面談（exit interview），準備好你要問的問題，理解自己到底是搞砸了哪些事。你可以考慮和職涯教練合作，找出自己的知識與技能弱項。

有時，你完全沒做錯事，依舊被炒魷魚或降級。你們組織可能正在瘦身，管理不當，也或者你是經濟不景氣的受害者。即便錯不在己，你還是可以好好思考一

下，有哪些地方可以改變。也許你們產業正在萎縮，許多公司把你從事的職務類型外包出去或自動化。如果你的工作有可能在未來的歲月消失，你可能得想辦法讓自己在未來的經濟，依舊有立足點。失業可能是老天爺在提醒你，該是時候考慮其他的可能性了！研究是否需要拿文憑或上證照課程，取得新技能。

當你被迫重新考慮職涯道路，你的認知腦會抗拒重新受訓的念頭。你已經花了大量時間與精力，培養目前擁有的專業，繼續從事過去做的事，感覺比重新受訓的好。

然而，事實則是與那句老話相反：老狗其實學得會新把戲，就算你已經處於職涯中期以後的階段，依舊可以學會支持你轉行的技術。事實上，保持頭腦聰明的方法，就是不斷地挑戰自己，學習新的工作技能，即使你目前並未考慮轉換跑道也一樣。一旦克服最初的惰性，你大概會喜歡用新方法思考工作。

你要有心理準備，這樣的挫折，有可能改變你理想中的職涯道路。前文提到的艾德，他得經歷一番心理掙扎，接受自己有可能不會一輩子都能當研究型大學的教授，職涯並不如自己所想的那樣前進。人可以改變志向沒問題，但如果是受到自己無法掌控的事影響才做不到，情感上會比較痛苦。

當人們感覺有力量左右自己做的事，心中會比較踏

實。情況有變時，讓自己好過一點的方法就是，找出自己確實能夠掌控的事，專心在那些事情上就好，你將不會對工作生活感到那麼絕望。

打起精神，找到新工作

失業後開始找工作時，經常會碰上兩大問題。一個是你得解釋，為什麼不再替前雇主工作。第二個問題是，可能要過好長一段時間，你才能找到下一份工作，中間你會喪志。

失業很討厭的地方就是可能留下汙點，即便丟了工作的原因和你的工作表現毫無關聯也是一樣。「代表性捷思法」（representativeness heuristic）的研究證實，人們對一個人下判斷時，依據的是那個人令他們想起什麼。有的人失業，的確是因為工作表現不佳，或是懶得找新工作，而那樣的刻板印象會影響人們的評估，即使眼前的人其實並不是那種情況。

雇主通常不會意識到這種偏見，但相較於想要跳槽的應徵者，目前待業中的應徵者，比較不會被認真考量，那正是目前在職的人更可能被錄取的原因。

由於雇主會對你的無業做出隱形假設，你要挑明為什麼你目前沒有工作。如果你和前雇主的關係良好，可以請他們當推薦人，證實你的解釋，說明你為什麼離開

前一份工作。如果你是因為特定弱點才丟了工作，那就聊聊你做了哪些努力試圖挽救。許多潛在雇主會因為你願意克服困難、自我改善，對你印象深刻。如果對方不接受這樣的解釋，反正他們原本就不大認真考慮你的履歷，所以也沒差。本書一再提到，如果碰到與自己有關的負面資訊，誠實為上策，路才能走得長遠。

由於找工作大概需要花費一點時間，請一定要養成規律的生活習慣，維持專注力與樂觀向上的精神，以免陷入懶散過日。找工作得慢慢來，你會面臨大量的等待時間，原本起床上班的習慣會被打亂，很容易失去鬥志。

把注意力集中在尋找的過程，不要放在結果。規劃有生產力的日程表，但也要保留足夠的彈性，把時間留給電話聯絡和面試。每天上求職網，留意新的職缺，靠閱讀或上課，培養新的相關工作技能，看是出門上課或觀看網路課程都可以。

找工作也許會是一段很孤單的過程，你身旁不再有一群同事。先前一起工作的人，以及依舊在職的社交網絡成員，有可能因為無法幫上忙，感到有罪惡感，你們之間的關係因此受到考驗。在你找工作的期間，到地方上的非營利組織當義工，會是暫時找到社群的絕佳方法。許多非營利組織將受惠於有你這樣的人才在，即使時間很短也一樣，你甚至可能認識到能夠幫你找到工作

的新朋友。同理，你也可以聯絡提供臨時工作的人力仲
介，你可能會覺得這類仲介都提供較為低階的工作，但
其實在現代經濟，許多公司也會替需要高技術的職位聘
請臨時人員，你將有機會重返職場，還可能接觸到最終
能夠提供全職工作的人。

　　你為改善自身技能所下的功夫，以及你擔任臨時
工作或義工造福其他組織，都會是面試時可以聊的好故
事，可以展現出你頭腦靈活，身段柔軟。雇主也明白，
工作生活會有高低潮，工作順利的時候，很容易就能看
起來生產力十足。如果你證明，即便是在人生不順的時
期，你照樣能夠忙到不亦樂乎，你的韌性會讓招募者感
到印象深刻。

重點回顧

你的大腦

動機腦

- 職涯遭受重大挫折後，感到悲傷是很自然的。

- 悲傷的五大階段不一定會出現，但人在失去後，通常會走過相關的心路歷程。

- 羞恥感是外部情緒，和擔心其他人會怎麼看你有關。

社會腦

- 「向上」的社會比較，指的是和比你厲害的人比；「向下」的社會比較，是和不如自己的人比。

認知腦

- 「目的性類別」與目標有關，判斷成員的依據是與理想類似的程度。

小訣竅

- 當比較的對象跟你相像時，社會比較將最有效。

- 跟自己比，通常會比跟別人比有用。
- 試著別下太狹隘的成功定義。
- 保持彈性，願意放棄妨礙自己成功的目標，或是讓你對工作不滿的目標。
- 與前同事維持良好關係。
- 丟了工作後，請給自己機會悲傷。
- 職場上，困在羞恥感裡通常無濟於事，請勇於正面迎擊。
- 留意人們對失業可能具有偏見，即便失業不是你的問題。
- 在待業中找工作時，請維持規律的生活。
- 在找到下一份工作之前，先當義工或接接臨時工作也不錯。

後記
寫下你的故事

　　你還記得你8歲時的事嗎？真的記得清楚嗎？大概記不清。我相信，如果你看著8歲的小孩，看著他們做的事，你確實會想起人生中的一些事，但很難真的回到那個年紀的想法與感受。

　　不久前，我剛好翻到小時候的日記（我母親逼我寫的，她說我以後會想看），開始思考剛才的問題。我讀到學校足壘球賽（kickball）的比賽分數，還有我拿到一支新的自動鉛筆，參觀了費城的富蘭克林研究所（Franklin Institute），我得到一枚紀念錢幣，喜歡到在日記上用筆拓印出來。許多事的細節我早已不記得了，而且每一項似乎都沒重要到值得放進日記。

　　你不只會忘掉童年的細節，還會忘掉人生中每一個階段的事。認知腦的核心原則是「目前環境的資訊」與

「起初經歷的資訊」重疊性愈大，你愈可能回想起那段經歷。那就是為什麼當你造訪小時候的家，或是多年前度假的地方，還是有辦法想起生命中的許多細節，儘管你已經好多年沒想起那些事了。那也是為什麼關於你的過去，你最容易想起的事，是那些與你今日的世界觀最相容的事。你的「現在」，會影響你如何看過去。

有關記憶的這一面，讓你很難正確評價自己的職涯軌跡。你已經走過之後，會忘記職涯早期的焦慮，也不認為自己的貢獻有什麼重要的，因為你習慣成自然了。當你想不大起來當初剛起步的細節，你很難看出自己已經走得多遠了。

所以，你可以記錄自己的職涯，追蹤自己的進展。或許你有興趣規律寫日記，即便你不想寫，也可以每年挑一天，例如：你的生日、元旦，或其他對你有意義的日子，花點時間寫下那一年的工作生活。簡單寫下你每天做哪些工作、一起共事的人，以及你的希望、夢想與恐懼。寫下你自豪的事，也寫下你犯的錯，可以考慮留下記錄著你如何利用時間的工作日曆。

然後，每隔一段時間，回顧「現在」的這個你，回顧你當時的模樣。你會發現你的抱負與擔心的事，會隨著時間改變。你從前覺得很重要的事，終將過去。你當時覺得沒什麼的事，日後卻成為關鍵。你先前的目標，

有的到了今日依舊是優先事項。你可能也會發現，有些你以為永遠不會去做的事，今日卻成為帶來工作滿意度的關鍵。

如果你很幸運，一直健健康康，你的職涯將占去人生超過7.5萬小時的時間。然而，你向別人問起他們的職涯時，你說：「請問你是做什麼的？」，期望他們把答案濃縮成一個詞彙，例如：教授、經理、企業家，或是一、兩句話簡單介紹。你的故事比那豐富，而且你會希望能夠好好回味那段旅程。

汽車的保險桿貼紙常見一句名言，人在臨死前，遺言不會是「我真希望多花一點時間在辦公室」，但人們確實會對自己做出的貢獻感到十分自豪。他們從事的工作觸動了人心，協助豐富了同事的職涯。他們享受成功的滋味，得意自己克服過的阻礙。當時間過去得夠久，每次的失敗通常會變成一則精彩的故事。

所以，我的建議是寫下來，回味細節，還有就是千萬要記得，英文中最可悲的四個字就是TGIF——Thank God It's Friday，「感謝上帝，終於星期五了」，在它變成連鎖餐廳星期五餐廳的店名之前。如果你的工作人生只是為了打發時間，熬到週末來臨，你錯過一場美好的偉大冒險。

謝辭

　　在各位手上的這樣一本書，只把一個人列為作者，你很難得知一本書能夠問世，後面其實有多少人的心血。

　　要不是有《快速企業》（*Fast Company*）的凱特・戴維斯（Kate Davis）與瑞奇・貝利絲（Rich Bellis），以及《哈佛商業評論》（*HBR*）的艾美・蓋洛（Amy Gallo），這本書不可能與大家見面。他們過去多年提供建議，談論與職場有關的故事，給了我把相關議題寫進書裡的靈感。和他們一起合作十分愉快，希望未來能再度擁有這樣的機會。

　　我深深感謝社群網站上的好多好多好多人。我沒事就請大家提供職涯各方面的故事，他們熱心回應，大方分享自身的經驗。很抱歉無法把大家寄來的故事，每一則都放進書裡。

　　一如往常，我最深的謝意要獻給我厲害的經紀人吉爾斯‧安德森（Giles Anderson），他催促我不要停下寫作，以專業手腕安排出版事宜，我放心把什麼事都交給他。

　　我在德州大學的組織人學程，讓我學到大量與職涯有關的事。我謹代表學程感謝 Amy Ware、Lewis Miller、Lauren Lief、Jessica Crawford、Rolee Rios、Alyx Dykema 的付出，這本書要獻給他們。另外，還要感謝 Randy Diehl、Marc Musick、Richard Flores、Esther Raizen，以及德州大學文理學院的院長辦公室全體人員，謝謝他們這麼多年來支持這個學程。我最深的感謝要獻給學程的教職員與學生，他們分享了自己的智慧。

　　在這本書的寫作過程中，人們主動提供我草稿建議。謝謝 Vera Hinojosa、Elizabeth Molitor、Lara Reichle 花時間閱讀，找出錯字等問題。也要感謝和我一起主持《雙俠聊大腦》的好友鮑勃‧杜克（Bob Duke），和我一起討論內容，提供寫作建議。我要感謝海蒂‧格蘭特（Heidi Grant）與大衛‧博柯斯（David Burkus）一路上提供有趣的觀點。

　　《哈佛商業評論》的夥伴促成了這本書，謝謝傑夫‧科侯（Jeff Kehoe）接下這個寫作計畫，他提供的意見及其他評論人的意見，包括凱特‧戴維斯和皮特‧佛力（Pete Foley）等，讓這本書大幅增色。我喜歡史蒂芬妮‧

菲克斯（Stephani Finks）團隊替這本書做的封面設計，也喜歡版面設計團隊為內頁打造的清爽感。茱莉・狄威爾（Julie Devoll）率領的行銷團隊，盡了很大的心力，把這本書帶到眾人面前。

最後，我要把我的愛與感謝，獻給禮歐拉・奧倫特（Leora Orent），她聽我沒完沒了提這本書。也要感謝盧卡斯（Lucas）、艾蘭（'Eylam）、尼夫（Niv）提供真誠意見，令人回想起生涯早期的模樣，他們的故事部分被收進這本書。感謝我的父母桑卓拉（Sondra）與艾德・馬克曼（Ed Markman），他們的個人職涯與建議，影響著我在職涯中做出的決定。對了，媽，感謝妳規定我在小學時寫日記。

資料出處

1 認知科學中的成功之路

Bureau of Labor Statistics. *Jobs, Labor Market Experience, and Earnings Growth among Americans at 50: Results from a Longitudinal Survey.* Washington, DC: USDL17-1158 (2015).

Gentner, D. "Some Interesting Differences between Nouns and Verbs." *Cognition and Brain Theory* 4, no. 2 (1981): 161–178.

McCabe, D. P., and A. D. Castel. "Seeing Is Believing: The Effect of Brain Images on Judgments of Scientific Reasoning." *Cognition* 107, no. 1 (2008): 343–352.

Medin, D. L., and A. Ortony. "Psychological Essentialism." In *Similarity and Analogical Reasoning*, edited by S. Vosniadou and A. Ortony, 179–195. New York: Cambridge University Press, 1989.

2 找出你珍視的機會

Bardi, A., and S. H. Schwartz. "Values and Behavior: Strength and Structure of Relations." *Personality and Social Psychology*

Bulletin 29, no. 10 (2003): 1207–1220.

Chen, P., P. C. Ellsworth, and N. Schwarz. "Finding a Fit or Developing It: Implicit Theories about Achieving Passion for Work." *Personality and Social Psychology Bulletin* 41, no. 10 (2015): 1411–1424.

Dawson, J. "A History of Vocation: Tracing a Keyword of Work, Meaning, and Moral Purpose." *Adult Education Quarterly* 55, no. 3 (2005): 220–231.

Dik, B. J., and R. D. Duffy. "Calling and Vocation at Work." *The Counseling Psychologist* 37, no. 3 (2009): 424–450.

Duffy, R. D., B. J. Dik, and M. F. Steger. "Calling and Work-related Outcomes: Commitment as a Mediator." *Journal of Vocational Behavior* 78 (2011): 210–218.

Gilovich, T., and V. H. Medvec. "The Temporal Pattern to the Experience of Regret." *Journal of Personality and Social Psychology* 67, no. 3 (1994): 357–365.

Harter, J. K., F. L. Schmidt, and C. L. Keyes. "Well-being in the Workplace and Its Relationship to Business Outcomes: A Review of the Gallup Studies." In *Flourishing: The Positive Person and the Good Life*, edited by C. L. Keyes and J. Haidt. Washington, DC: American Psychological Association, 2002.

Langer, E. J. "The Illusion of Control." *Journal of Personality and Social Psychology* 32, no. 2 (1975): 311–328.

Ward, T. B. "What's Old about New Ideas." In *The Creative Cognition Approach*, edited by S. M. Smith, T. B. Ward, and R. A. Finke, 157–178. Cambridge, MA: The MIT Press, 1995.

3 應徵與面試：掌握勝出的訣竅

Alter, A. L., and D. M. Oppenheimer. "Uniting the Tribes of Fluency to Form a Metacognitive Nation." *Personality and*

Social Psychology Review 13, no. 3 (2009): 219–235.

Ambady, N., F. J. Bernieri, and J. A. Richeson. "Toward a Histology of Social Behavior: Judgmental Accuracy from Thin Slices of the Behavioral Stream." *Advances in Experimental Social Psychology* 32 (2000): 201–271.

Beilock, S. L. Choke: *What the Secrets of the Brain Reveal about Getting It Right When You Have To.* New York: Free Press, 2010.

Darke, S. "Anxiety and Working Memory Capacity." *Cognition and Emotion* 2, no. 2 (1987): 145–154.

Higgins, E. T., G. A. King, and G. H. Mavin. "Individual Construct Accessibility and Subjective Impressions and Recall." *Journal of Personality and Social Psychology* 43, no. 1 (1982): 35–47.

Johnson, J. H., and I. G. Sarason. "Life Stress, Depression and Anxiety: Internal-External Control as a Moderator Variable." *Journal of Psychosomatic Research* 22, no. 3 (1978): 205–208.

Nisbett, R. E., and T. D. Wilson. "The Halo Effect: Evidence for Unconscious Alteration of Judgments." *Journal of Personality and Social Psychology* 35, no. 4 (1977): 250–256.

Pickering, M. J., and S. Garrod. "Toward a Mechanistic Psychology of Dialogue." *Behavioral and Brain Sciences* 27, no. 2 (2004): 169–226.

Shafir, E. "Choosing versus Rejecting: Why Some Options Are Both Better and Worse Than Others." *Memory and Cognition* 21, no. 4 (1993): 546–556.

Shafir, E., I. Simonson, and A. Tversky. "Reason-Based Choice." *Cognition* 49 (1993): 11–36.

Spector, P. E. "Behavior in Organizations as a Function of Employee's Locus of Control." *Psychological Bulletin* 91, no. 3 (1982): 482–497.

Thompson, S. D., and H. H. Kelley. "Judgments of Responsibility for Activities in Close Relationships." *Journal of Personality and Social Psychology* 41, no. 3 (1981): 469–477.

Weaver, K., S. M. Garcia, and N. Schwarz. "The Presenter's Paradox." *Journal of Consumer Research* 39 (2012): 445–460.

4 獲得工作機會、談條件，做出決定

Gentner, D., and A. B. Markman. "Structure Mapping in Analogy and Similarity." *American Psychologist* 52, no. 1 (1997): 45–56.

Hsee, C. K. "The Evaluability Hypothesis: An Explanation of Preference Reversals for Joint and Separate Evaluation of Alternatives." *Organizational Behavior and Human Decision Processes*, 67, no. 3 (1996): 247–257.

Kruglanski, A. W., and D. M. Webster. "Motivated Closing of the Mind: 'Seizing' and 'Freezing.'" *Psychological Review* 103, no. 2 (1996): 263–283.

Kunda, Z. "The Case for Motivated Reasoning." *Psychological Bulletin* 108, no. 3 (1990): 480–498.

Lakoff, G., and M. Johnson. *Metaphors We Live By*. Chicago, IL: The University of Chicago Press, 1980.

Loschelder, D. D., M. Friese, M. Schaerer, and A. D. Galinsky. "The Too-Much-Precision Effect: When and Why Precise Anchors Backfire with Experts." *Psychological Science* 27, no. 12 (2016): 1573–1587.

Markman, A. B., and D. L. Medin. "Similarity and Alignment in Choice." *Organizational Behavior and Human Decision Processes* 63, no. 2 (1995): 117–130.

Roseman, I. J. "Appraisal Determinants of Emotions: Constructing an Accurate and Comprehensive Theory." *Cognition and Emotion* 10, no. 3 (1996): 241–278.

Russo, E. J., V. H. Medvec, and M. G. Meloy. "The Distortion of Information during Decisions." *Organizational Behavior and Human Decision Processes* 66 (1996): 102–110.

Schaerer, M., R. I. Swaab, and A. D. Galinsky. "Anchors Weigh More Than Power: Why Absolute Powerlessness Liberates Negotiators to Achieve Better Outcomes." *Psychological Science* 26, no. 2 (2015): 170–181.

Shafir, E., I. Simonson, and A. Tversky. "Reason-Based Choice." *Cognition* 49 (1993): 11–36.

Stanovich, K. E., and R. F. West. "Individual Differences in Rational Thought." *Journal of Experimental Psychology: General* 127, no. 2 (1998): 161–188.

Trope, Y., and N. Liberman. "Temporal Construal." *Psychological Review* 110, no. 3 (2003): 403–421.

Tversky, A., and D. Kahneman. "Judgment under Uncertainty: Heuristics and Biases." *Science* 185 (1974): 1124–1131.

Wilson, T. D., and J. W. Schooler. "Thinking Too Much: Introspection Can Reduce the Quality of Preferences and Decisions." *Journal of Personality and Social Psychology* 60, no. 2 (1991): 181–192.

5 填補知識缺口，尋找導師，持續學習

Aarts, H., P. M. Gollwitzer, and R. R. Hassin. "Goal Contagion: Perceiving Is for Pursuing." *Journal of Personality and Social Psychology* 87, no. 1 (2004): 23–37.

Basalla, G. *The Evolution of Technology*. Cambridge, UK: Cambridge University Press, 1988.

Chi, M. T. H., and K. A. VanLehn. "The Content of Physics Self-Explanations." *Journal of the Learning Sciences* 1, no. 1 (1991): 69–105.

Dunning, D., and J. Kruger. "Unskilled and Unaware of It: How Difficulties in Recognizing One's Own Incompetence Lead to Inflated Self-Assessments." *Journal of Personality and Social Psychology* 77, no. 6 (1999): 1121–1134.

Kolligian, J., and R. J. Sternberg. "Perceived Fraudulence in Young Adults: Is There an 'Imposter Syndrome'?" *Journal of Personality Assessment* 56, no. 2 (1991): 308–326.

Markman, A. B. *Knowledge Representation*. Mahwah, NJ: Lawrence Erlbaum Associates, 1999.

Markman, A. *Habits of Leadership*. New York: Perigee Books, 2013.

Markman, A. *Smart Thinking*. New York: Perigee Books, 2012.

Maxwell, N. L., and J. S. Lopus. "The Lake Wobegon Effect in Student Self-Reported Data." *American Economic Review* 84, no. 2 (1994): 201–205.

Metcalfe, J., and A. P. Shimamura, eds. *Metacognition: Knowing about Knowing*. Cambridge, MA: The MIT Press, 1994.

Roediger, H. L., and K. B. McDermott. Creating False Memories: Remembering Words Not Presented in Lists." *Journal of Experimental Psychology: Learning, Memory, and Cognition* 21, no. 4 (1995): 803–814.

Rosenblit, L., and F. C. Keil. "The Misunderstood Limits of Folk Science: An Illusion of Explanatory Depth." *Cognitive Science* 26 (2002): 521–562.

Sturgis, P., C. Roberts, and P. Smith. "Middle Alternatives Revisited: How the Neither/Nor Response Acts as a Way of Saying 'I Don't Know.'" *Sociological Methods and Research* 43, no. 1 (2014): 15–38.

6 有聲、無聲，在不同模式下，有效溝通

Brummelman, E., S. Thomaes, and C. Sedikides. "Separating Narcissism from Self-esteem." *Current Directions in Psychological Science* 25, no. 1 (2016): 8–13.

Clark, H. H. *Using Language.* New York: Cambridge University Press, 1996.

Garrod, S., and G. Doherty. "Conversation, Co-ordination and Convention: An Empirical Investigation of How Groups Establish Linguistic Conventions." *Cognition* 53 (1994): 181–215.

Keating, E., and S. L. Jarvenpaa. *Words Matter: Communicating Effectively in the New Global Office.* Oakland, CA: University of California Press, 2016.

Levelt, W. J. M. *Speaking: From Intention to Articulation.* Cambridge, MA: The MIT Press, 1989.

Levinson, S. C. "Deixis." In *Handbook of Pragmatics*, edited by L. R. Horn and G. Ward, 97–121. Malden, MA: Blackwell Publishing Ltd, 2004.

McTighe, J., and R. S. Thomas. "Backward Design for Forward Action." *Educational Leadership* 60, no. 5 (2003): 52–55.

7 突破生產力障礙，高效產出

Anderson, M. C., and B. A. Spellman. "On the Status of Inhibitory Mechanisms in Cognition: Memory Retrieval as a Model Case." *Psychological Review* 102, no. 1 (1995): 68–100.

Anderson, M. C., C. Green, and K. C. McCulloch. "Similarity and Inhibition in Long-term Memory: Evidence for a Two-Factor Theory." *Journal of Experimental Psychology: Learning, Memory, and Cognition* 26, no. 5 (2000): 1141–1159.

Dalston, B. H., and D. G. Behm. "Effects of Noise and Music

on Human and Task Performance: A Systematic Review." *Occupational Ergonomics* 7 (2007): 143–152.

Dobbs, S., A. Furnham, and A. McClelland. "The Effect of Background Music and Noise on the Cognitive Test Performance of Introverts and Extraverts." *Applied Cognitive Psychology* 25 (2011): 307–313.

Drucker, P. F. *The Practice of Management.* New York: HarperCollins Publishers, 1954.

Emberson, L. L., G. Lupyan, M. H. Goldstein, and M. J. Spivey. "Overheard Cell-Phone Conversations: When Less Speech Is More Distracting." *Psychological Science* 21, no. 20 (2010): 1383–1388.

Fiske, A. P. "The Four Elementary Forms of Sociality: Framework for a Unified Theory of Social Relations." *Psychological Review* 99 (1992): 689–723.

Hanczakowski, M., C. P. Beaman, and D. M. Jones. "Learning through Clamor: The Allocation and Perception of Study Time in Noise." *Journal of Experimental Psychology: General* 147, no. 7 (2018): 1005–1022.

Hildreth, J. A. D. and C. Anderson. "Failure at the Top: How Power Undermines Collaborative Performance." *Journal of Personality and Social Psychology* 110, no. 2 (2016): 261–286.

Hillman, C. H., K. I. Erickson, and A. F. Kramer. "Be Smart, Exercise Your Heart: Exercise Effects on Brain and Cognition." *Nature Reviews Neuroscience* 9 (2008): 58–65.

Hofstede, G., G. J. Hofstede, and M. Minkov. *Cultures and Organizations* (3rd ed.). New York: McGraw-Hill, 2010.

Humphreys, M. S., and W. Revelle. "Personality, Motivation, and Performance: A Theory of the Relationship between Individual Differences and Information Processing." *Psychological Review* 91, no. 2 (1984): 153–184.

Jonason, P. K., S. Slomski, and J. Partyka. "The Dark Triad at Work: How Toxic Employees Get Their Way." *Personality and Individual Differences* 52, no. 3 (2012): 449–453.

Mednick, S. C., D. J. Cai, J. Kanady, and S. P. A. Drummond. "Comparing the Benefits of Caffeine, Naps, and Placebo on Verbal, Motor, and Perceptual Memory." *Behavioural Brain Research* 193 (2008): 79–86.

Pashler, H. E. *The Psychology of Attention*. Cambridge, MA: The MIT Press, 1998.

Paulhus, D. L., and K. M. Williams. "The Dark Triad of Personality: Narcissism, Machiavellianism, and Psychopathy." *Journal of Research in Personality* 36, no. 6 (2002): 556–563.

Scullin, M. K., and D. L. Bliwise. "Sleep, Cognition, and Normal Aging: Integrating a Half-century of Multidisciplinary Research." *Perspectives on Psychological Science* 10, no. 1 (2015): 97–137.

Tannenbaum, S. I., and C. P. Cerasoli. "Do Team and Individual Debriefs Enhance Performance?" *Human Factors* 55, no. 1 (2013): 231–245.

Walker, M. P. "The Role of Sleep in Cognition and Emotion." *Annals of the New York Academy of Sciences* 1156 (2009): 168–197.

Walker, M. P., and R. Stickgold. "Sleep, Memory, and Plasticity." *Annual Review of Psychology* 57 (2006): 139–166.

Yerkes, R. M., and J. D. Dodson. "The Relation of Strength of Stimulus to Rapidity of Habit-Formation." *Journal of Comparative Neurology and Psychology* 18 (1908): 459–482.

8 不論頭銜，發揮領導力

Arkes, H. R., and C. Blumer. "The Psychology of Sunk Cost."

Organizational Behavior and Human Decision Processes 35 (1985): 124–140.

Boland-Prom, K., and S. C. Anderson. "Teaching Ethical Decision Making Using Dual Relationship Principles as a Case Example." *Journal of Social Work Education* 41, no. 3 (2005): 495–510.

Brehm, J. W., and E. A. Self. "The Intensity of Motivation." *Annual Review of Psychology* 40 (1989): 109–131.

Cooper, V. W. "Homophily or the Queen Bee Syndrome: Female Evaluation of Female Leadership." *Small Group Research* 28, no. 4 (1997): 483–499.

Duckworth, A. L., C. Peterson, M. D. Matthews, and D. R. Kelly. "Grit: Perseverance and Passion for Long-term Goals." *Psychological Review* 92, no. 6 (2007): 1087–1101.

Eagly, A. H., and J. L. Chin. "Diversity and Leadership in a Changing World." *American Psychologist* 65, no. 3 (2010): 216–224.

Gigerenzer, G. "Why the Distinction between Single-Event Probabilities and Frequencies Is Important for Psychology (and Vice Versa)." In *Subjective Probability*, edited by G. Wright and P. Ayton, 129–161. New York: John Wiley and Sons, 1994.

Gigerenzer, G. *Adaptive Thinking: Rationality in the Real World.* New York: Oxford University Press, 2000.

Johnson, H. M., and C. M. Seifert. "Sources of the Continued Influence Effect: When Misinformation in Memory Affects Later Instances." *Journal of Experimental Psychology: Learning, Memory, and Cognition* 20, no. 6 (1994): 1420–1436.

Lazonick, W., and M. O'Sullivan. "Maximizing Shareholder Value: A New Ideology for Corporate Governance." *Economy and Society* 1 (2000): 13–35.

Leung, A. K., W. W. Maddux, A. D. Galinsky, and C. Y. Chiu. "Multicultural Experience Enhances Creativity: The When and How." *American Psychologist* 63, no. 3 (2008): 169–181.

Lucas, H. C., and J. M. Goh. "Disruptive Technology: How Kodak Missed the Digital Photography Revolution." *Journal of Strategic Information Systems* 18, no. 1 (2009): 46–55.

Markman, A. *Smart Change: Five Tools to Create New and Sustainable Habits in Yourself and Others*. New York: Perigee Books, 2014.

Mavin, S. "Queen Bees, Wannabees, and Afraid to Bees: No More 'Best Enemies' for Women in Management." *British Journal of Management* 19 (2008): S75–S84.

McFadden, K. L., and E. R. Towell. "Aviation Human Factors: A Framework for the New Millennium." *Journal of Air Transport Management* 5, no. 4 (1999): 177–184.

Mischel, W., and Y. Shoda. "A Cognitive-Affective System Theory of Personality: Reconceptualizing Situations, Dispositions, Dynamics, and Invariance in Personality Structure." *Psychological Review* 102, no. 2 (1995): 246–268.

Nisbett, R. E., ed. *Rules for Reasoning*. Hillsdale, NJ: Lawrence Erlbaum Associates, 1993.

Oettingen, G. *Rethinking Positive Thinking: Inside the New Science of Motivation*. New York: Current, 2014.

Ross, L. D. "The Intuitive Psychologist and His Shortcomings: Distortions in the Attribution Process." In *Advances in Experimental Social Psychology*, Vol. 10, edited by L. Berkowitz. New York: Academic Press, 1977.

Spetzler, C., H. Winter, and J. Meyer. *Decision Quality*. New York: Wiley, 2016.

Thorsteinsson, E. B., and J. E. James. "A Meta-analysis of the Effects of Experimental Manipulations of Social Support during Laboratory Stress." *Psychology and Health* 14 (1999): 869–886.

Tversky, A., and D. Kahneman. "Judgment under Uncertainty: Heuristics and Biases." *Science* 185 (1974): 1124–1131.

Vergauwe, J., B. Wille, J. Hofmans, R. B. Kaiser, and F. De Fruyt. "The Double-Edged Sword of Leader Charisma: Understanding the Curvilinear Relationship between Charismatic Personality and Leader Effectiveness." *Journal of Personality and Social Psychology* 114, no. 1 (2018): 110–130.

Weathersby, G. B. "Leadership vs. Management." *Management Review* 88, no. 3 (1999): 5.

Wollitzky-Taylor, K. B., J. D. Horowitz, M. B. Powers, and M. J. Telch. "Psychological Approaches in the Treatment of Specific Phobias: A Meta-analysis." *Clinical Psychology Review* 28, no. 6 (2008): 1021–1037.

Woodruff, P. *The Ajax Dilemma: Justice, Fairness, and Rewards.* New York: Oxford University Press, 2011.

9 轉行、跳槽或尋求升遷

Ajzen, I., and M. Fishbein. "Attitude-Behavior Relations: A Theoretical Analysis and Review of Empirical Research." *Psychological Bulletin* 84, no. 5 (1977): 888–918.

Artz, B., A. H. Goodall, and A. J. Oswald. "Boss Competence and Worker Well-being." *Industrial and Labor Relations Review* 70, no. 2 (2017): 419–450.

Brickman, P., and D. T. Campbell. "Hedonic Relativism and Planning the Good Society." In *Adaptation Level Theory: A Symposium*, edited by M. H. Appley, 287–302. New York: Academic Press, 1971.

Campbell, C. R., and M. J. Martinko. "An Integrative Attributional

Perspective of Empowerment and Learned Helplessness: A Multimethod Field Study." *Journal of Management* 24, no. 2 (1998): 173–200.

Dane, E., and B. J. Brummel. "Examining Workplace Mindfulness and Its Relation to Job Performance and Turnover Intention." *Human Relations* 67, no. 1 (2014): 105–128.

de Bloom, J., S. A. E. Geurts, S. Sonnentag, T. Taris, C. de Weerth, and M. A. Kompier. "How Does a Vacation from Work Affect Employee Health and Well-being?" *Psychology and Health* 26, no. 12 (2011): 1606–1622.

de Bloom, J., S. A. Geurts, and M. A. Kompier. "Vacation (After-) Effects on Employee Health and Well-being, and the Role of Vacation Activities, Experiences, and Sleep." *Journal of Happiness Studies* 14, no. 2 (2013): 613–633.

Fritz, C., A. M. Ellis, C. A. Demsky, B. C. Lin, and F. Guros. "Embracing Work Breaks: Recovering from Work Stress." *Organizational Dynamics* 42 (2013): 274–280.

Gensowsky, M. "Personality, IQ, and Lifetime Earnings." *Labour Economics* 51 (2018): 170–183.

Gilbert, D. T., and T. D. Wilson. "Miswanting: Some Problems in the Forecasting of Future Affective States." In *Thinking and Feeling: The Role of Affect in Social Cognition*, edited by J. Forgas, 178–197. New York: Cambridge University Press, 2000.

Gilbert, D. T., M. J. Gill, and T. D. Wilson. "The Future Is Now: Temporal Correction in Affective Forecasting." *Organizational Behavior and Human Decision Processing* 88, no. 1 (2002): 430–444.

Holyoak, K. J., and D. Simon. "Bidirectional Reasoning in Decision Making." *Journal of Experimental Psychology: General* 128, no. 1 (1999): 3–31.

Jackson, D., A. Firtko, and M. Edenborough. "Personal Resilience as a Strategy for Surviving and Thriving in the Face of Workplace Adversity: A Literature Review." *Journal of Advanced Nursing* 60, no. 1 (2007): 1–9.

Judge, T. A., B. A. Livingston, and C. Hurst. "Do Nice Guys—and Gals—Really Finish Last? The Joint Effects of Sex and Agreeableness on Income." *Journal of Personality and Social Psychology* 102, no. 2 (2012): 390–407.

Koo, M., and A. Fishbach. "Climbing the Goal Ladder: How Upcoming Actions Increase Level of Aspiration." *Journal of Personality and Social Psychology* 90, no. 1 (2010): 1–13.

Markman, A. B., and D. L. Medin. "Similarity and Alignment in Choice." *Organizational Behavior and Human Decision Processes* 63, no. 2 (1995): 117–130.

McDonald, D. *The Golden Passport: Harvard Business School and the Limits of Capitalism, and the Moral Failure of the MBA Elite.* New York: Harper Business, 2017.

Miller, K. I., B. H. Ellis, E. G. Zook, and J. S. Lyles. "An Integrated Model of Communication, Stress, and Burnout in the Workplace." *Communication Research* 17, no. 3 (1990): 300–326.

Ovsiankina, M. "Die Wiederafunahme unterbrochener Handlungen" ["The Resumption of Interrupted Tasks"]. *Psychologische Forschung* 11 (1928): 302–379.

Russo, E. J., V. H. Medvec, and M. G. Meloy. "The Distortion of Information during Decisions." *Organizational Behavior and Human Decision Processes* 66 (1996): 102–110.

Zeigarnik, B. "Das Behalten erledigter unt unerledigter Handlungen ["The Retention of Completed and Uncompleted Actions"]. *Psychologische Forschung* 9 (1927): 1–85.

Zhang, S., and A. B. Markman. "Overcoming the Early Entrant

Advantage: The Role of Alignable and Nonalignable Differences." *Journal of Marketing Research* 35 (1998): 413–426.

10 適合你的，才是真正的好職涯

Ashton, W. A., and A. Fuehrer. "Effects of Gender and Gender Role Identification of Participant and Type of Social Support Resource on Support Seeking." *Sex Roles* 7–8 (1993): 461–476.

Barsalou, L. W. "Ad hoc Categories." *Memory and Cognition* 11 (1983): 211–227.

Barsalou, L. W. "Ideals, Central Tendency and Frequency of Instantiation as Determinants of Graded Structure in Categories." *Journal of Experimental Psychology: Learning, Memory and Cognition* 11, no. 4 (1985): 629–654.

Bengtsson, M., and S. Kock. "'Coopetition' in Business Networks—To Cooperate and Compete Simultaneously." *Industrial Marketing Management* 29, no. 5 (2000): 411–426.

Blau, D. M., and P. K. Robins. "Job Search Outcomes for the Employed and Unemployed." *Journal of Political Economy* 98, no. 3 (1990): 637–655.

Chun, J. S., J. Brockner, and D. De Cremer. "How Temporal and Social Comparisons in Performance Evaluation Affect Fairness Perceptions." *Organizational Behavior and Human Decision Processes* 145, no. 1 (2018): 1–15.

Cohen, T. R., S. T. Wolf, A. T. Panter, and C. A. Insko. "Introducing the GASP Scale: A Measure of Guilt and Shame Proneness." *Journal of Personality and Social Psychology* 100, no. 5 (2011): 947–966.

Kübler-Ross, E. *On Death and Dying.* New York: Scribner and Sons, 1969.

McKee-Ryan, F., Z. Song, C. R. Wanberg, and A. J. Kinicki. "Psychological and Physical Well-being during Unemployment." *Journal of Applied Psychology* 90, no. 1 (2005): 53–76.

Neff, K. "Self-compassion: An Alternative Conceptualization of a Healthy Attitude toward Oneself." *Self and Identity* 2, no. 2 (2003): 85–101.

Nisbett, R. E., and T. D. Wilson. "The Halo Effect: Evidence for Unconscious Alteration of Judgments." *Journal of Personality and Social Psychology* 35, no. 4 (1977): 250–256.

Oettingen, G., H.-j. Pak, and K. Schnetter. "Self-regulation of Goal-setting: Turning Free Fantasies about the Future into Binding Goals." *Journal of Personality and Social Psychology* 80, no. 5 (2001): 736–753.

Pennebaker, J. W. "Writing about Emotional Experiences as a Therapeutic Process." *Psychological Science* 8, no. 3 (1997): 162–166.

Scher, S. J., and J. M. Darley. "How Effective Are the Things People Say to Apologize? Effects of the Realization of the Apology Speech Act." *Journal of Psycholinguistic Research* 26, no. 1 (1997): 127–140.

Shipp, A. J., S. Furst-Holloway, T. B. Harris, and B. Rosen. "Gone Today but Here Tomorrow: Extending the Unfolding Model of Turnover to Consider Boomerang Employees." *Personnel Psychology* 67 (2014): 421–462.

Smith, R. H., E. Diener, and D. H. Wedell. "Intrapersonal and Social Comparison Determinants of Happiness: A Range-frequency Analysis." *Journal of Personality and Social Psychology* 56, no. 3 (1989): 317–325.

Tversky, A., and D. Kahneman. "Judgment under Uncertainty: Heuristics and Biases." *Science* 185 (1974): 1124–1131.

Woolley, K., and A. Fishbach. "For the Fun of It: Harnessing Immediate Rewards to Increase Persistence in Long-term Goals." *Journal of Consumer Research* 42, no. 6 (2016): 952–966.

後記 寫下你的故事

Tulving, E., and D. M. Thomson. "Encoding Specificity and Retrieval Processes in Episodic Memory." *Psychological Review* 80 (1973): 352–373.

Star 星出版 財經商管 Biz 011

帶腦去上班
善用認知科學，找到好工作、創造高績效、打造成功職涯

Bring Your Brain to Work:
Using Cognitive Science to Get a Job, Do it Well, and Advance Your Career

作者 —— 雅特·馬克曼 Art Markman
譯者 —— 許恬寧

總編輯 —— 邱慧菁
特約編輯 —— 吳依亭
校對 —— 李蓓蓓
封面設計 —— Stephani Finks
書封插畫 —— Klaus Kremmerz
封面完稿 —— 萬勝安
內頁排版 —— 立全電腦印前排版有限公司

讀書共和國出版集團社長 —— 郭重興
發行人兼出版總監 —— 曾大福
出版 —— 星出版／遠足文化事業股份有限公司
發行 —— 遠足文化事業股份有限公司
　　　231 新北市新店區民權路 108 之 4 號 8 樓
　　　電話：886-2-2218-1417
　　　傳真：886-2-8667-1065
　　　email: service@bookrep.com.tw
　　　郵撥帳號：19504465 遠足文化事業股份有限公司
　　　客服專線 0800221029
法律顧問 —— 華洋國際專利商標事務所 蘇文生律師
製版廠 —— 中原造像股份有限公司
印刷廠 —— 中原造像股份有限公司
裝訂廠 —— 中原造像股份有限公司
登記證 —— 局版台業字第 2517 號

出版日期 —— 2021 年 08 月 23 日第一版第二次印行
定價 —— 新台幣 380 元
書號 —— 2BBZ0011
ISBN —— 978-986-98842-3-5

星出版讀者服務信箱 —— starpublishing@bookrep.com.tw
讀書共和國網路書店 —— www.bookrep.com.tw
讀書共和國客服信箱 —— service@bookrep.com.tw
歡迎團體訂購，另有優惠，請洽業務部：886-2-22181417 ext. 1132 或 1520

本書如有缺頁、破損、裝訂錯誤，請寄回更換。
本書僅代表作者言論，不代表星出版／讀書共和國出版集團立場與意見，文責由作者自行承擔。

國家圖書館出版品預行編目（CIP）資料

帶腦去上班：善用認知科學，找到好工作、創造高績效、打造
成功職涯／雅特·馬克曼（Art Markman）著；許恬寧 譯. 第一
版. – 新北市：星出版, 遠足文化發行, 2020.11
288 面；14.8x21 公分 . – （財經商管；Biz 011）.
譯自：Bring Your Brain to Work: Using Cognitive Science to Get a Job,
Do it Well, and Advance Your Career
ISBN 978-986-98842-3-5（平裝）
1. 職場成功法 2. 自我實現

494.35　　　　　　　　　　　　　　　　　　109007214

新觀點
新思維
新眼界

Star
星出版